化境之旅

王渝生　主编

中国大百科全书出版社

图书在版编目（CIP）数据

化境之旅 / 王渝生主编. -- 北京 ： 中国大百科全
书出版社，2025. 1. -- ISBN 978-7-5202-1713-2

Ⅰ. 06-49

中国国家版本馆CIP数据核字第2024ZJ6783号

化境之旅

出　版　人：刘祚臣
责任编辑：杜晓冉
责任校对：刘敬微
责任印制：李宝丰
排版制作：北京升创文化传播有限公司

中国大百科全书出版社出版发行

（地址：北京阜成门北大街17号　电话：88390718　邮政编码：100037）

唐山富达印务有限公司

开本：710毫米×1000毫米　1/16　印张：8　字数：100千字

2025年1月第1版　2025年1月第1次印刷

ISBN 978-7-5202-1713-2

定价：48.00元

编委会

前　言

　　《化境之旅》是一部生动有趣的化学科普书，带你开启一段探索化学奥秘的奇妙旅程。上篇从基础入手，系统讲解元素、原子、酸碱指示剂等化学核心知识，帮助读者轻松搭建化学学科的知识框架；下篇回归生活，揭秘酿酒工艺的科学原理、厨房油污清洗剂的化学奥秘，以及有机合成材料如何改变我们的日常世界。用化学解读生活，以科学点亮智慧，让每一位读者都能在这趟旅程中发现化学的魅力与实用价值！

　　全书以条目形式进行编排，释文力求简明扼要、通俗易懂。标题一般为词或词组，释文一般依次由定义和定性叙述、简史、基本内容、插图等构成，依据条目的性质和知识内容的实际状况有所增减或调整。全书内容系统、信息丰富且易于阅读。为了使内容更加适合大众阅读，增加了不少插图，包括照片、线条图等，随文编排。

目 录

下篇

化学

研究物质的性质、组成、结构、变化，以及与物质变化过程相伴随的能量转变的科学。化学是最古老的自然科学之一。自然界中的物质时刻都在发生着变化。从物质变化时所发生的现象来分析，像玻璃破碎、用木板制飞机模型、水的三态变化等都有一个共同的特征：只是物质的形态发生了变化，并没有新的物质生成。这种没有生成其他物质的变化称作物理变化。铁矿石炼铁、石灰石烧制生石灰，以及煤、石油、天然气的燃烧等变化也有一个共同特征：变化后产生了与原来的物质完全不同的新物质。这种生成其他物质的变化称作化学变化，又称化学反应。

化学变化与人的关系十分密切。有些化学变化可造福于

铁条生锈是化学变化，是铁与氧气发生反应，生成氧化铁

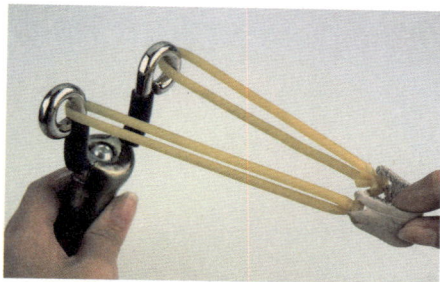

橡皮筋的伸缩是物质状态的变化，即物理变化

人类，像金属的冶炼，塑料、纤维、橡胶、医药、染料等的合成，燃料的燃烧都可以为人类提供丰富的物质资源。有些化学变化在为人类造福的同时也会给人类带来灾难，例如，汽车尾气中的二氧化硫及氮氧化物与空气中的氧气及水蒸气发生化学反应，形成对生物、土壤及建筑物造成危害的酸雨。因此，人类在研究物质的性质及变化的同时，应当注意保护自身的生存环境。

人类从学会用火之时起，就开始了用化学方法认识和改造天然物质的历史。随着科学和生产力的发展，化学科学不仅在认识物质的组成、结构、反应合成、测试等方面有了突飞猛进的发展，而且取得了丰硕的理论和实践成果，为人类提供着众多新物质、新材料，并与自然科学的其他学科相互渗透，不断产生新学科，如发展迅速的生命科学和宇宙起源等方面的新兴交叉学科等。

物质

哲学家们很早就认识到，世界万物起源于少数基本物质。有人认为气是万物之源，有人认为水是万物之本，也有人认为金、木、水、火、土组成了万物，这些认识都没有科学依据。直到认识了原子及其内部结构以后，人们才对组成万物的基本物质——元素有了进一步了解。

按照物质的组成，可以把物质分成两大类：纯净物和混合物。纯净物是由同种分子组成的物质。例如，氧气是由氧分子组成的，水是由水分子组成的，它们都是纯净物。纯净物又可以细分为单质和化合物。混合物是由不同的分子组成的物质。例如空气中含有氮、氧、二氧化碳、惰性气体等多种分子，因此是一种混合物。

元素

同类原子的总称。1661年，英国化学家 R. 玻意耳经过反复实验，第一次给出元素的科学定义。他认为元素是用一般化学方法不能再分解为某些简单实体的物质，并初步确定化学研究的对象是化学元素及其化合物。从此化学走向科学的发展道路。

目前，已经确定的 110 多种化学元素中，常温下单质形态有气体、液体和固体，气体包括氢、氟、氯、氧、氮，以及 7 种惰性气体；液体有 2 种，分别是汞和溴。在这 110 多种元素中含几十种放射性元素。

化学元素的中文名称用一个字表示。在通常情况下为气体的，从"气"字头；液体的为"氵"旁（汞除外）；固体金属元素从"钅"字旁；固体非金属元素，从"石"字旁。一看化学元素的中文名称，便可知化学元素是金属元素还是非金属元素，单质是气体、液体还是固体。

R. 玻意耳（1627-01-25 ～ 1691-12-30）英国化学家、物理学家。他发明石蕊试纸，也是第一位给酸和碱下定义的化学家。他明确提出，不应把化学作为炼金术或医药学的附庸，而应当把化学作为一门独立的学科来研究。玻意耳在 1661 年发表的《怀疑派化学家》是一部划时代的不朽著作。

在物理学方面，他对光的颜色、真空和空气的弹性等进行研究，总结出了玻意耳定律。

化学元素的外文名称，往往有一定的含义。例如，居里夫人为纪念她的祖国波兰，将她发现的 84 号元素命名为"Polonium"，中文名称"钋"；为纪念意大利杰出的物理学家 E. 费米，把 100 号元素命名为"Fermium"，中文名称"镄"；为纪念瑞典化学家 A.B. 诺贝尔，把 102 号元素命名为"Nobelium"，中文名称"锘"。有时是以元素的特性来命名，如"镭"表示放射性，"碘"表示紫色。

19 世纪中叶以后，国际上普遍采用统一的元素符号来表示各种元素。元素符号用该元素拉丁文名称的第一个大写字母表示。例如，氧的拉丁文名称是 Oxygenium，元素符号就是大写的 O；碳的拉丁文名称是 Carbonium，元素符号就是大写的 C。

如果元素的拉丁文名称的第一个字母与其他元素相同，则用两个字母表示，第二个字母小写。例如，铜的拉丁文名称是 Cuprum，元素符号是 Cu；氩的拉丁文名称是 Argonium，元素符号是 Ar。

元素符号可表示某种元素，也可表示某种元素的 1 个原子。例如，H 既表示氢元素，又表示 1 个氢原子。

分子

物质中能独立存在而保持其组成和一切化学性质的最小微粒。一切物质的分子都在不断地运动，并且分子之间有一定的间隔。

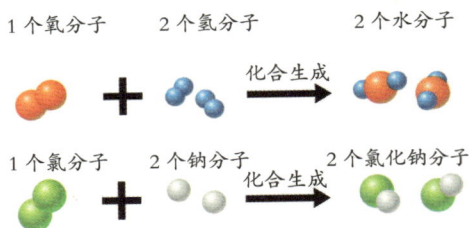

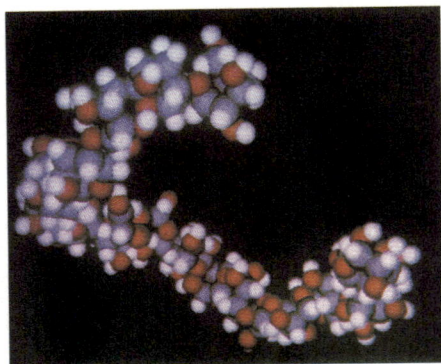

1 个氧分子　　2 个氢分子　　2 个水分子

化合生成

1 个氯分子　　2 个钠分子　　2 个氯化钠分子

化合生成

分子结构

同种物质分子的化学性质相同，不同种物质分子的化学性质不同。

分子在化学反应中可以分解成原子。有的分子由 1 个原子组成，如氩、氖；有的分子由多个相同原子组成，如氧、硫。多数分子是由不同元素的原子组成的，如水、二氧化碳。

原子

组成分子和凝聚态物质的基本单位，化学变化中的最小微粒。这一术语是希腊文"不可分割"的意思。早在公元前5世纪，希腊哲学家德谟克利特就已经提出原子的概念，认为一切物质都是由不可分割的小微粒——原子构成，但假说缺乏科学实验的验证。经过二十几个世纪的探索，科学家在17～18世纪通过实验，证实了原子的真实存在。19世纪初英国化学家J.道尔顿在进一步总结前人经验的基础上，提出了具有近代意义的原子学说。这种原子学说的提出开创了化学的新时代，它解释了很多物理、化学现象。

原子是肉眼看不见的微粒，假如把1亿个原子排成1行，也只不过才有1厘米长。原子虽小，但有质量。原子和分子一样，处于不断运动之中，同种原子的性质相同，不同种原子的性质不同。

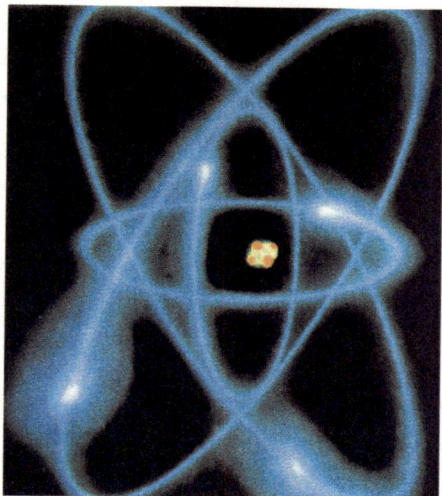

原子由带正电的原子核和围绕原子核不断运动的带负电的核外电子组成。图中蓝色表示电子，红色表示质子，绿色表示中子

德谟克利特（前460～前370） 古希腊哲学家。"原子论"的创始者，认为万物的本源是原子与虚空。原子是一种最后的不可分的物质微粒。宇宙的一切事物都是由在虚空中运动着的原子构成。所谓事物的产生就是原子的结合。原子处在永恒的运动之中，即运动为原子本身所固有。

原子在化学变化中不能再分，这已被大量实验所证实，但是，并不是说在任何情况下原子永远是"不可分割的"最小微粒。放射现象的发现证实了这一看法，并揭开了原子内部结构的秘密。大量实验证明，原子是由带正电的原子核和围绕原子核不断运动、带负电的核外电子组成。原子质量的 99.95％以上都集中在原子核。原子核和核外电子相互吸引，组成电中性的原子。放射性物质在放射过程中，原子的原子核发生了变化，变成另一种元素的原子。由此人们认识到原子并不是不可分割的最小微粒，它的内部还存在着一个复杂天地。

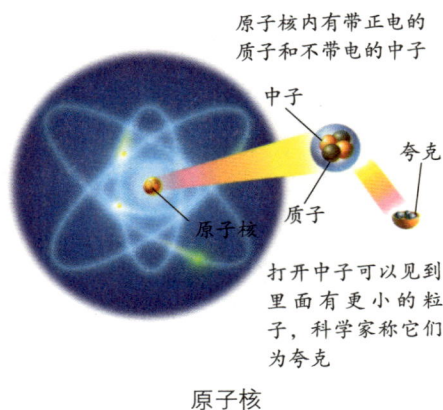

原子核内有带正电的质子和不带电的中子

中子

夸克

质子

原子核

打开中子可以见到里面有更小的粒子，科学家称它们为夸克

原子核

1932 年英国物理学家 J. 查德威克发现了中子，后来科学家们确认原子核主要是由质子和中子构成的。进一步的实验揭示，原子核内除了质子、中子外，还有多种基本粒子。

离子

带电荷的原子或原子团。原子失电子而带正电荷，形成阳离子，阳离子所带的正电荷数等于该原子失去的电子数，即该元素的正化合价；原子得电子带负电荷，形成阴离子，阴离子所带的负电荷数等于该原子得到的电子数，即负化合价。离子的表示方法是用离子符号，即将离子所带的电荷数分别写在元素符号的右上角。例如 Na^+ 表示带 1 个单位正电荷的钠离子，OH^- 表示带 1 个单位负电荷的氢氧根离子。同理，还有 NH_4^+、Cl^- 等。带正电荷的是阳离子，带负电荷的是阴离子。

钠原子　　　氯原子　　　　　氯化钠分子

氯化钠是离子化合物。其中钠原子失去 1 个电子成为钠离子，而氯原子获得 1 个电子成为氯离子

二氧化碳分子

二氧化碳是共价化合物。它的 3 个原子中的每个原子都共用另外 2 个原子的电子

化合物

不同种元素组成的纯净物。除了同种元素组成的单质以外，不同种元素之间也能组成化合物，因此物质种类才会如此丰富。

氯化钾、氢氧化钠、二氧化锰、氯化钠、氯化氢等都是化合物。化合物一般有固定的组成，可用化学式表示。化合物具有确定的物理性质和化学性质，不同于其组成元素的性质。

不同元素之所以能相互结合形成固定的化合物，是因为元素原子之间以某种形式相互作用。例如，氯化钠是由带正电的阳离子（Na^+）与带负电的阴离子（Cl^-）互相作用而构成的化合物。这种由阴、阳离子相互作用而形成的化合物称作离子化合物。氯化氢则与氯化钠不同，氢原子与氯原子通过 1 个共用电子对形成氯化氢分子，这种以共用电子对形成分子的化合物称作共价化合物。

根据其组成和性质，化合物还可以分为无机化合物和有机化合物。

金属氧化物

金属元素和氧元素结合形成的化合物。金属氧化物的种类繁多，除了金、铂等少数几种活泼性特别弱的金属以外，其他金属都有相应的金属氧化物。变价金属一般有多种氧化物，如铁元素具有 FeO、Fe_2O_3 和 Fe_3O_4 三种氧化物。

金属氧化物都是固体。活泼金属的氧化物能溶于水而生成碱，例如：

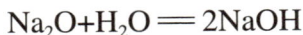

$$Na_2O+H_2O = 2NaOH$$

活泼性较差的金属氧化物不溶于水，但大多数都溶于酸：

$$CuO+H_2SO_4 = CuSO_4+H_2O$$

一些金属的氧化物来源于矿藏。例如，Fe_2O_3 是赤铁矿的

主要成分，稀土金属的矿物成分主要是它们的氧化物；另外一些氧化物可以由分解反应制得，如钙的氧化物生石灰，即氧化钙的制取：

$$CaCO_3 \xrightarrow{\text{高温}} CaO+CO_2\uparrow$$

氧化铝 金属铝的氧化物，白色粉末，化学式为 Al_2O_3。在自然界主要存在于铝土矿中。氧化铝粒度均匀、抗高温、耐磨，是一种很好的耐火材料，可以用来制造耐火坩埚、耐火管和耐高温的实验仪器等。氧化铝还是工业上制取金属铝的主要原料。将氧化铝在高温下电解，能得到金属铝：

$$2Al_2O_3 \xrightarrow{\text{电解}} 4Al+3O_2\uparrow$$

非金属氧化物

非金属元素和氧元素结合形成的化合物。绝大部分非金属都有相应的氧化物。由于很多非金属有可变化合价，氧化物都不止一种，如碳元素的氧化物有 CO_2 和 CO 两种，氮元素的氧化物则有 N_2O、NO、N_2O_3、NO_2、N_2O_5 等。

大多数非金属氧化物都能跟碱起反应而生成盐和水，

这样的氧化物称作酸性氧化物。非金属氧化物中只有 H_2O、NO、CO 等少数几种不符合酸性氧化物的条件，它们是不成盐氧化物。大多数酸性氧化物能跟水反应生成含氧酸。例如：

$$P_2O_5 + 3H_2O = 2H_3PO_4$$

有的酸性氧化物，例如 SiO_2 不能跟水反应。但所有的酸性氧化物都有相应的水化物——含氧酸。例如，CO_2 对应的水化物是 H_2CO_3，SiO_2 对应的水化物是 H_2SiO_3。反过来，酸性氧化物被称为相应含氧酸的酸酐，如 CO_2 是碳酸酐，SO_3 被称为硫酐等。

单质

由同种元素组成的纯净物。在纯净物里，一部分是由同种元素组成的。例如，氧气是由氧元素组成的，铁是由铁元素组成的。

很多元素可以形成多种单质，称为同素异形体，如氧元素可以形成氧气和臭氧两种常见的同素异形体，碳元素已知的同素异形体包括金刚石、石墨、C_{60}、无定形碳、石墨烯等。同种元素的单质在一定条件下可以相互转化，但无法通过化学方法使一种元素的单质变为另一种元素的单质。

单质——卤素：碘（左）、溴（中）、氯（右）

大多数元素在自然界中以化合物的形式存在，仅有少数可以单质的形式直接获得，例如，空气中的氧气、氮气、惰性气体以及金、铂等化学性质稳定的金属等。在热力学上，规定每种元素的指定单质的标准生成焓和标准生成吉布斯自由能为 0，以此来确定其他物质的热力学函数值。

非金属单质

已知的 110 多种元素可以分为金属元素、非金属元素和惰性气体元素。由非金属元素组成的单质称作非金属单质。

一般的非金属单质都没有金属光泽，缺乏延展性，是电和热的不良导体。在通常状况下，非金属单质有的是固体，如碳的单质石墨、金刚石等；有的是气体，如氧气、氢气等；只有溴是液体。

非金属单质原子的价电子较多，在化学反应中倾向于得到电子，具有氧化性，容易跟金属化合形成化合物。非金属之间相结合时，其中非金属性较弱的元素原子会部分失去电子，显示还原性。大多数非金属能跟氧结合成酸性氧化物。

碘

碘主要存在于海水中，有"海洋元素"的美称。海水中的碘可以富集到海藻中去。干海带含碘量丰富，为制碘创造了良好的条件。中国海带产量居世界前列，除供食用外，大量用于制碘。

碘具有升华性，碘晶体在加热时不熔化成液体而直接升华成气体

单质碘是一种黑色光亮的非金属固体，易升华，在日常生活中用作消毒剂、药品、食品补充剂、染料等。碘酒是一种常见的消毒剂，它是碘溶在酒精里制成的，浓度一般为 1% ~ 2%。碘酒具有较强的消毒、杀菌作用，主要用于外伤伤口消毒。

碘最重要的作用表现在它

是人体必不可少的微量元素。碘摄入不足时，机体会出现一系列的障碍，如地方性甲状腺肿、克汀病、聋、哑、瘫痪、儿童先天畸形等，这些病症被统称为"碘缺乏病"。

中国是碘缺乏病较严重的国家，为了消除这些疾病，国家有关部门建议食用含碘食盐。除此之外，多吃海产品如海鱼、海带、紫菜等有利于补碘，因为海产品中的碘含量通常是陆地植物的几十倍。

硫黄

硫在自然界中存在的单质状态，具有鲜明的橙黄色，燃烧时发出强烈的臭味。中国古代的炼丹家们就是利用硫黄易燃的性质，将它与硝石和木炭混合，制成中外闻名的四大发明之———火药。

硫黄在远古时代就被人们知晓并使用。每次火山爆发都会把地下的大量硫黄带到地面，温泉中也会释放出硫黄的气味。

在印度尼西亚爪哇的一座火山上，工人正在搬运硫黄

有机化合物

通常指除一氧化碳、二氧化碳和碳酸盐以外的含碳化合物，简称有机物。有机物是一个庞大的家族。在有机物里，有一类物质是由碳、氢两种元素组成的，称作烃，包括烷烃、环烷烃、烯烃、炔烃、芳香烃等。还有一类物质是以烃为母体衍生而来的，称作烃的衍生物，主要包括卤代烃、醇、酚、醚、醛、酮、羧酸、酯等。

除含碳元素外，绝大多数有机化合物分子中含有氢元素，有些还含氧、氮、卤素、硫和磷等元素。

大多数有机化合物具有熔点较低、可以燃烧、易溶于有机溶剂等性质。高分子化合物是一类分子量达几千甚至几百万的特殊有机化合物。有机化合物对人类具有不可估量的重要意义，地球上所有的生命形式主要是由有机物组成的，如脂肪、蛋白质、糖、血红素、叶绿素、酶、激素等。生物体内的新陈代谢过程和生物的遗传现象，都涉及有机化合物的转变。

无机化合物

主要包含氧化物、酸、碱、盐等几种化合物，简称无机物。

二氧化锰、二氧化碳、氧化铜、水等，它们都由两种元素组成，其中有一种是氧元素，这类化合物称作氧化物。

盐酸、硝酸、硫酸等属于酸。酸的水溶液都具有酸性。酸在水溶液中能发生电离，生成能自由移动的阳离子氢离子和阴离子酸根离子。在化学领域，凡在水溶液中电离出来的阳离子全部是氢离子的化合物，就称为酸。

氢氧化钠、氢氧化钾、氢氧化钙、氢氧化钡等属于碱。碱的水溶液都具有碱性。碱在水溶液中都能发生电离，生成能自由移动的阴离子氢氧根和金属阳离子。

还有一类如氯化钠、碳酸钠、硫酸铜等，电离时能生成金属离子和酸根离子，这类化合物称作盐。

质量守恒定律

化学变化只能改变物质的组成，但不能创造物质，也不能消灭物质；或者说参加化学反应的各物质的质量总和，等于反应后生成的各物质的质量总和。

俄国科学家M.V.罗蒙诺索夫用实验结果向"燃素说"错误观点发起挑战，证明自然界存在着一条定律——质量守恒定律。1777年，法国化学家A.-L.拉瓦锡做了同样的实验，也发现化学变化前后物质的质量是守恒的。1908年德国化学家H.H.兰多尔特及1912年英国化学家J.J.曼利也都用天平精确地研究了化学反应前后的质量关系，一致承认质量守恒定律的正确性。

20世纪以来，随着原子核科学的发展，科学家们发现物质的质量与能量是相互联系的，应把质量守恒与能量守恒联系起来，称为质能守恒定律。

化学方程式

根据质量守恒定律，可以用物质的化学式来表示具体的化学反应。这种用化学式来表示化学反应的式子，称作化学方程式。

化学方程式的配平方法有多种，常用的有：①观察法。首先从化学式比较复杂的一种生成物推求有关各反应物化学式的系数和这一生成物的系数，然后根据求得的化学式的系数再找出其他化学式的系数。②最小公倍数法。首先应选择方程式中原子总数最多的元素，求出它反应前后原子个数的最小公倍数，确定有关化学式的系数，然后再推求其他化学式的系数。③奇数配偶数法。例如，配平方程式：

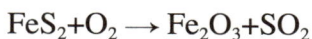

$$FeS_2 + O_2 \rightarrow Fe_2O_3 + SO_2$$

抓住方程式中出现次数较多的氧元素。O_2 是双原子分子，在 O_2 前的系数无论加奇数还是偶数，反应物中氧原子个数总是偶数。但在生成物 Fe_2O_3 和 SO_2 里总共含有 5 个氧原子，是个奇数。在 SO_2 中氧原子是 2 个，在它的化学式前无论加奇数还是偶数，氧原子个数总是偶数。在 Fe_2O_3 中氧原子个数是奇数 3，只有在它的化学式前加偶数，才能使生成物里氧原子总数成为偶数。

一般情况是在 Fe_2O_3 前加 1 个最小的偶数 2，然后再配平。配平后的化学方程式为：

$$4FeS_2 + 11O_2 \xrightarrow{高温} 2Fe_2O_3 + 8SO_2$$

化学反应

一种或多种物质转变成另外一些物质的化学过程。典型类型有化合、分解、置换、复分解等。

由两种或两种以上物质生成另一种物质的化学反应，称作化合反应。例如，氢气在氧气中燃烧生成水：

$$2H_2 + O_2 === 2H_2O$$

由一种物质生成两种或两种以上物质的化学反应，称作分解反应。例如，加热碱式碳酸铜生成水、二氧化碳和氧化铜：

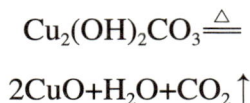

$$Cu_2(OH)_2CO_3 \xrightarrow{\triangle}$$
$$2CuO + H_2O + CO_2\uparrow$$

由一种单质跟一种化合物起反应，生成另一种单质和另一种化合物的反应，称作置换反应。例如，锌与稀硫酸反应制取氢气：

$$Zn + H_2SO_4 === ZnSO_4 + H_2\uparrow$$

由两种化合物互相交换成分，生成另外两种化合物的反应，称作复分解反应。例如，氢氧化钠溶液与硫酸溶液的反应：

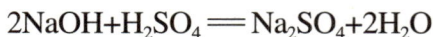

$$2NaOH + H_2SO_4 === Na_2SO_4 + 2H_2O$$

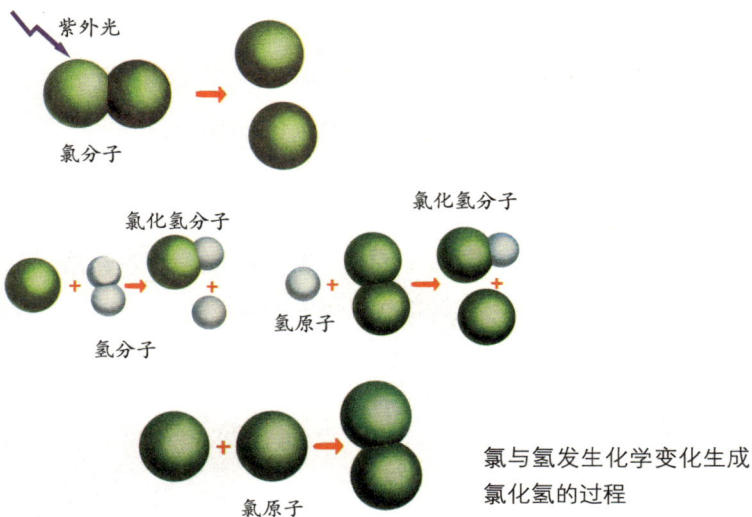

紫外光

氯分子

氯化氢分子

氢分子

氯化氢分子

氢原子

氯原子

氯原子

氯与氢发生化学变化生成氯化氢的过程

化学变化

一种或多种物质变成化学性质与原来不同的新物质的过程。如铁的冶炼、石灰石煅烧和天然气燃烧等都属于化学变化。变化前的原物质称为反应物，变化后产生的新物质称为生成物。

例如，氯分子受到紫外光的照射后分裂为两个氯原子，氯原子与氢发生化学反应，生成氯化氢分子，反应后剩余的一个氢原子与其他氯分子发生反应，再生成一个氯化氢分子，反应剩余的氯原子组成一个氯分子。

化学变化过程中，原子间的结合方式和结合能有所变化。化学变化的过程就是反应物化学键的断裂和生成物化学键的形成过程。化学变化过程伴随着热效应，它来源于化学键改组时能量的变化。

催化剂

在化学反应中能改变其他物质的化学反应速率，而本身的质量和化学性质在化学反应前后都没有变化的物质。在加热氯酸钾和二氧化锰的混合物

15

制氧气的反应中，实际发生分解的只是氯酸钾，而二氧化锰具有使氯酸钾在较低温度下迅速释放氧气的本领，起的是催化剂的作用。

各种催化剂外观

催化剂的使用，大大推动了化学工业的发展。合成氨、石油裂解、化学纤维、合成橡胶及塑料的生产都离不开催化剂。

人的生命活动也离不开催化剂。食物中的淀粉和蛋白质必须在特殊的催化剂——酶的作用下水解为葡萄糖和氨基酸，才能被人体吸收。

燃烧

发光、发热的剧烈化学反应。可燃物与空气中的氧气发生发光、发热的剧烈氧化反应，属于燃烧现象。使可燃物达到燃烧条件时所需的最低温度称作着火点。

铁在氧气中燃烧

燃烧必须同时具备两个条件：一是可燃物要与氧气接触，二是要使可燃物达到着火点。

像木材、柴草、煤炭、棉纱等可燃物，在缓慢氧化过程中产生的热量若不能及时散失，就会越积越多，引起这些物质温度升高，当达到物质的着火点时，不用点火就自发燃烧，这就是自燃。为了生产及生活的安全，要注意防止自燃现象的发生。

灭火器

灭火的有力武器，是利用物理或化学原理来灭火的装置。通常使用的灭火器有泡沫灭火器、干粉灭火器、液态二氧化碳灭火器等几种。

泡沫灭火器内装有硫酸铝和碳酸氢钠两种溶液及发泡剂。使用前它们分别装在不同的容器内，遇到火情把灭火器倒转，两种溶液立即接触，产生大量二氧化碳及泡沫从喷射口喷出。这种灭火器可用于扑灭木材及棉布失火等一般火灾。

干粉灭火器内装有压缩的二氧化碳及干粉碳酸氢钠等物质。它具有流动性好、喷射率高、不腐蚀容器、不易变质等优点。干粉灭火器既可用于扑灭一般火灾，也可以用于扑灭可燃性油、气火灾和电器火灾。

液态二氧化碳灭火器是在加压的情况下，将液态二氧化碳装在小钢瓶内制成的。它不会留下痕迹而使物体损坏，因此可用来扑灭图书档案、精密仪器及贵重设备所发生的火灾。

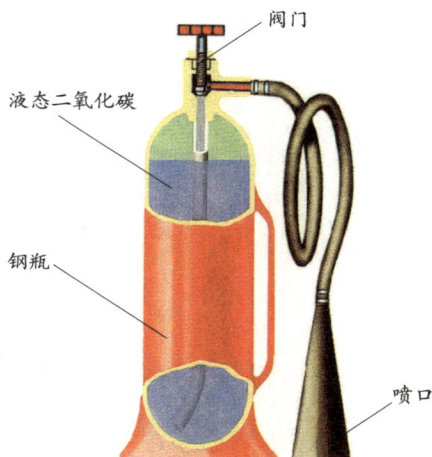

液态二氧化碳灭火器的构造图

灭火器内装有液态二氧化碳，当阀门打开后，二氧化碳迅速膨胀，并从喷口压出扑灭火焰

爆炸

物质在极有限的时间内发生急剧变化并放出大量能量的现象。

在油库、煤矿矿井、面粉加工厂、纺织厂内常常会看到四个引人注目的大字："严禁烟火"。这是因为这些地方的空气里常混有可燃性气体或粉尘，它们遇到明火，就有发生爆炸的危险。

> **甲烷** 甲烷是由碳和氢组成的化合物，化学式是 CH_4。甲烷没有颜色、没有气味，它的密度比空气的小，极难溶于水，很容易燃烧，燃烧时火焰明亮，呈蓝色，燃烧的反应方程式如下：
>
> $$CH_4+2O_2 \xrightarrow{\text{点燃}} CO_2+2H_2O$$
>
> 点燃甲烷和氧气或甲烷和空气的混合物可能发生爆炸。

煤矿矿井内的空气里含有可燃性气体甲烷，若井内通风不好，遇到明火，甲烷和空气的混合物就会被点燃而发生爆炸，即瓦斯爆炸。甲烷在空气中的含量是 5%～15% 或在氧气中的含量是 5.4%～59.2% 时，遇明火会爆炸。

面粉厂、纺织厂也会发生爆炸，这个问题似乎不如油库爆炸、矿井爆炸那么好理解，其实可燃物爆炸的道理都是一样的。在空气中，当干燥的面粉粉尘达到每立方米 20～25

克，且这些粉尘周围又有充足氧气足以氧化这些粉尘时，一旦温度达到着火点，面粉粉尘就会急速氧化而燃烧，并产生大量气体和热量；气体受热，体积迅速膨胀，有限的空间容不下突然增加的气体，于是便会发生面粉厂爆炸事故。

爆炸会产生强大的压力波和巨大的热量，图中爆炸产生的热使目标未受压力波之前就燃烧起来

常见易燃易爆物

一般来说，易燃物是指易燃的气体和液体，容易燃烧、自燃或遇水可以燃烧的固体以及能引起其他物质燃烧的物质。

易爆物是指那些受热或受到撞击时容易发生爆炸的物质。

工厂或实验室内的可燃性气体主要有氢气、一氧化碳、甲烷、丙烷等。这些气体在空气中的浓度若达到爆炸极限，遇火就会爆炸。易燃的液体主要有甲醇、无水乙醇、苯、甲苯、二甲苯、乙醚、丙酮、乙醛、乙酸乙酯、乙酸丁酯、乙酸异戊酯、甲酸乙酯、丙醇、二硫化碳、戊醇等。这些液体有机物不仅易燃，而且它们的蒸气与空气混合会形成爆炸性混合物。易燃的固体有红磷、白磷、硫、纤维素三硝酸酯（火棉、胶棉）等。钠、钾、钙等金属粉末遇水、遇酸也会放热，引起猛烈燃烧或爆炸。锌的粉末与空气混合并达到一定浓度时，也会爆炸。三硝基苯酚，也叫苦味酸，是一种有毒的黄色晶体，当遇到火花、高温或受撞击时，会发生强烈燃烧和爆炸。

在日常生活中常见的易燃易爆物，气体有氢、一氧化碳、甲烷、丙烷、乙烯；液体有汽油、苯、乙醚、甲醇、乙醇；固体有镁粉、铝粉等金属粉末，活性炭和煤等煤炭粉末，小麦、淀粉等粮食粉末，鱼粉、血粉等饲料粉末，塑料、染料等合成材料粉末，棉花、烟草等农副产品粉末，纸粉、木粉等林业品粉末。

道尔顿在收集甲烷

炸药

具有爆炸性的物质。当其受到适当的激发冲量后可爆炸，能产生快速的化学反应，并放出足够的热量和大量的气体产物，产生巨大的压力而形成一定的机械破坏效应和抛掷效应。

> **氯酸钾** 一种常见的氯酸盐，呈白色粉末状，易溶于水，化学式为 $KClO_3$。实验室利用加热氯酸钾和二氧化锰的混合物来制取氧气：
>
> $$2KClO_3 \xrightarrow{\text{MnO}_2} 2KCl + 3O_2\uparrow$$
>
> 氯酸钾有强氧化作用，与碳、硫、磷及可燃物混合时，只需稍微摩擦即可发生燃烧爆炸，因此它是火柴头药粉中的氧化剂，在国防工业中也用于制造炸药和雷管。

黑火药是中国古代的四大发明之一，是人类最早使用的炸药。它一般由75％的硝酸钾、10％的硫黄和15％的木炭研成极细的粉末，均匀混合而成。黑火药燃烧时生成大量气体，同时放出大量的热，使气体体积骤然膨胀，发生爆炸。黑火药是不太猛烈的炸药，现在用于生产烟花爆竹和安全引信等。

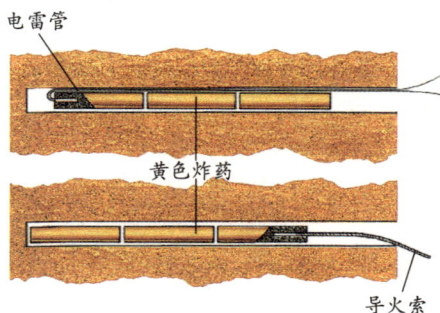

黄色炸药需要用雷管引爆，引爆有利用导火索和通电两种方式

TNT 是一种烈性炸药，又称黄色炸药。成分是三硝基甲苯。它是一种浅黄色晶体，熔点81℃，常温下稳定，受热或受撞击也不易爆炸。只在起爆药引爆的条件下才发生猛烈的爆炸。TNT 由甲苯与硝酸、硫酸的混合酸发生硝化反应制得。TNT 广泛应用在军事上，也常用作比较军事武器爆炸力的标准。

硝化甘油是一种烈性炸药，它是由甘油与浓硝酸、浓硫酸组成的混合酸进行硝化反应制得的黄色油状液体。硝化甘油爆炸时，最高温度可达3400℃。硝化棉是用干净的棉纤维与混合酸反应后形成的各种黏度的液体。把硝化棉与硝化甘油按一定的质量比混合成为胶状的爆胶，是已知烈性炸药中爆炸力最强的，爆炸力约为 TNT 的1.5倍。这种炸药对撞击不敏感，使用、运输、储存都较安全，常用来采石、挖掘隧道。

核炸药有两种，一种核炸药是利用元素铀-235或元素钚-239为原料，通过核裂变反应，短时间内释放出大量的热而发生爆炸。另一种核炸药利用氢的两种同位素氘和氚的原子核发生聚变时，瞬间产生大量的热而发生爆炸。

悬浊液

如果把泥土撒入水杯中，得到的是浑浊的液体。仔细观察就会发现，在液体中悬浮着许多固体小颗粒，静置之后，固体颗粒还会沉淀下来。这种固体小颗粒悬浮于液体中形成的混合物称作悬浊液。

乳状液

如果把植物油注入含水的杯中，振荡后发现在液体里分散着不溶于水的小油滴，得到乳状的浑浊液体。小液滴分散到液体里形成的混合物称作乳状液，又称乳浊液。牛奶、冰激凌、雪花膏等都是乳状液。乳状液在工农业生产、医药、日常生活中都有广泛的应用。

气溶胶

在斜射的一缕缕阳光中，我们能看到悬浮的小颗粒、小毛毛，这些悬浮在空气中的灰尘杂质称为气溶胶。

气溶胶是由固体或液体小质点分散并悬浮在气体介质中形成的胶体分散体系，又称气体分散体系。其分散相为固体或液体小质点，分散介质为气体。天空中的云、雾、尘埃，工业和运输业上用的锅炉和各种发动机里未燃尽的燃料所形成的烟，采矿、采石场磨材和粮食加工时所形成的固体粉尘，人造的掩蔽烟幕和毒烟等都是气溶胶的具体实例。

气溶胶在工业、农业、国防和其他方面都已得到广泛的应用。工业上，已广泛用于医药工业与洗衣粉的生产。农业上，农药的喷洒可提高药效，降低药品的消耗；利用气溶胶进行人工降雨，可大大改善旱情。国防上，用来制造信号弹和遮蔽烟幕。气溶胶的粒子在雨、雪的凝结形成过程中，起着凝结核心的作用。它还能阻挡部分紫外线，减轻其对人和动物的伤害。

气溶胶

溶解度

在一定温度下，某固体物质在 100 克溶剂里达到饱和状态时所溶解的克数，称作这种物质在对应溶剂里的溶解度。例如，20℃时，硝酸钾的溶解度是 31.6 克。往 20℃的 100 克水里加硝酸钾，硝酸钾不能无限制地溶解，只能溶解 31.6 克，形成 131.6 克的硝酸钾溶液。如果在这种条件下继续加硝酸钾，即使用力搅拌，多加入的硝酸钾也不再溶解。人们将在一定温度下，在一定量的溶剂里，不能再溶解某种溶质的溶液称作这种溶质在此温度下的饱和溶液；还能继续溶解某种溶质的溶液称作这种溶质的不饱和溶液。

各种物质的溶解度千差万别，大部分固体物质的溶解度随温度的升高而加大，少数固体物质的溶解度受温度的影响很小。只有极少数物质，如熟石灰，溶解度随温度的升高而减小。

对于气体，用体积计量较方便。气体的溶解度是指在1.01×10^5帕压强下，一定温度时溶解在 1 体积水里达到饱和状态时的气体体积数。如在 0℃时，氧气的溶解度是 0.049，就是指 0℃，氧气压强为1.01×10^5帕时，1 体积水最多溶解 0.049体积氧气。大多数气体物质的溶解度随温度的升高而降低。

结晶

人们把海水引进晒盐场，经过风吹日晒，水分大量蒸发，逐渐形成了食盐的饱和溶液，过剩的盐就以晶体的形式从溶液中析出。这种晶体从饱和溶液中析出的过程就称作结晶。许多物质从溶液中析出形成晶体时，晶体里常常结合一定数目的水分子，这样的水称为结晶水。含有结晶水的物质称为结晶水合物。像胆矾，化学式为$CuSO_4 \cdot 5H_2O$，就是硫酸铜的结晶水合物。

有些晶体能吸收空气中的水蒸气，在晶体的表面逐渐形成溶液，这种现象称作潮解。像氯化钙、氢氧化钠等都易潮解，所以常用作干燥剂，利用它们易潮解的性质保护其他放置在一起的物品。

电解质

在水溶液中或是熔融状态下能导电的物质。它们的分子能电离成带正、负电荷的离子，在电场作用下，正、负离子分别向负、正两个电极方向运动形成电流。最常见的电解质是酸、碱和盐，它们在溶于水或醇等溶剂时发生电离，形成离子导电。电解质又分为强电解质和弱电解质两大类。例如，强酸——硫酸、盐酸、硝酸和典型的盐类，都属于强电解质；而有机化合物中的羧酸、酚、胺等都属于弱电解质。电解质不限于水溶液状态，有些熔盐、固态物质和离子交换树脂，也具有离子导电性，它们也是电解质。

> **胆矾** 又叫蓝矾，学名五水硫酸铜，化学式为 $CuSO_4 \cdot 5H_2O$，为蓝色斜方晶体。可在不同温度下逐步失去结晶水：110℃时失去 4 分子 H_2O，150℃时失去全部结晶水而变成白色粉末状的无水硫酸铜。25℃时无水硫酸铜溶解度为 23.05 克。

电解水实验

水到底是什么样的物质，它的组成到底如何呢？通过电解水实验能够找出正确答案。

利用电源、导线、石墨电极、水槽、小试管等搭建如图所示的实验装置。通电后，发现两只电极上均有气泡冒出。一段时间后试管 1 和试管 2 中所收集到的气体体积比约为 1：2。通过气体检验发现，试管 1 中的气体能使带火星的木条复燃，说明是氧气；试管 2 中的气体能燃烧，火焰呈淡蓝色，是氢气。

电解水实验说明，水在通电的条件下，发生分解反应产生氢气和氧气。氢气由氢元素组成，氧气由氧元素组成，这说明了水由氢元素和氧元素组成。根据两支试管中气体的体积比，最终能确定水的化学式是 H_2O。

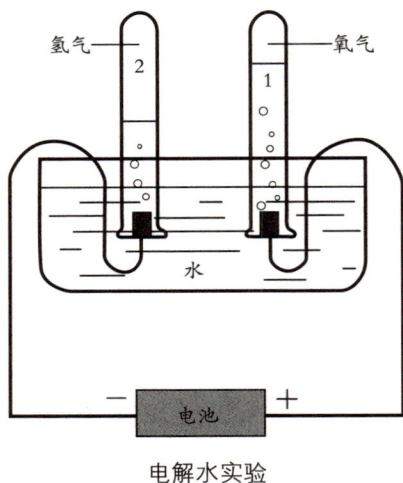

电解水实验

元素周期表

1661 年玻意耳确立了元素的概念，并初步确定了化学研究的对象是元素及其化合物。1869 年俄国化学家 D.I. 门捷列夫运用科学的方法发现了自然界的一条重要规律：元素的性质随着原子量的递增呈现周期性变化。门捷列夫按原子量由小到大的顺序，排成一个表，这个表就是元素周期表。门捷列夫在周期表中，还给未发现的元素留有空的位置，并对未发现的元素进行了预言。

门捷列夫发现的元素周期律是在法国化学家 P.- É .L.de 布瓦博德朗发现了金属镓之后，才得到科学界的公认的，而镓就是门捷列夫预言的元素之一。自此以后，他预言的其他十多种新元素不断被发现，这些元素的性质与元素周期表中的预言十分吻合。

元素周期表就好比是"化学元素大厦"，110 余种元素在大厦中都有各自的"房间"。现在采用的是维尔纳长表，表中有 7 横行，为 7 个周期，第一、二、三周期称作短周期，四、五、六、七周期为长周期；18 个纵行，除第八、九、十纵行称作第 VIII 族外，其余 15 个纵行，每一纵行为一族。有 IA ～ VIIA 表示的 7 个主族，有 IB ～ VIIB 表示的 7 个副族，还有 0 族，共 16 族。

在元素周期表中，若沿硼、硅、砷、碲、砹与铝、锗、锑、钋之间画一条虚线，虚线的左面是金属，而虚线的右面是非金属。金属元素远远多于非金属元素。同一周期中，自左至右，元素的金属性逐渐减弱，元素的非金属性逐渐增强；同一族中，自上至下，元素的金属性逐渐增强，元素的非金属性逐渐减弱。元素周期表对于研究化学和运用化学知识有着重要的指导意义。

溶液酸碱度

人类生活在溶液王国之中。无论何种溶液，其中都含有氢离子和氢氧根离子，当溶液中氢离子浓度大于氢氧根离子浓度时，溶液呈酸性，反之

元素周期表

图例：
- 金属
- 非金属
- 半金属
- 稀有气体
- 过渡元素

示例框：
26 铁 Fe 55.847 3d⁶4s²
- 原子序数 (1)
- 元素符号 (1)
- 元素名称 (2)
- 原子量 (3)
- 价电子组态 (4)

周期	族 IA 1	IIA 2	IIIB 3	IVB 4	VB 5	VIB 6	VIIB 7	VIII 8	VIII 9	VIII 10	IB 11	IIB 12	IIIA 13	IVA 14	VA 15	VIA 16	VIIA 17	0 18
1	1 H 氢 1.00794(7) 1s¹																	2 He 氦 4.002602(2) 1s²
2	3 Li 锂 6.941(2) 1s²2s¹	4 Be 铍 9.012182(3) 2s²											5 B 硼 10.811(7) 2s²2p¹	6 C 碳 12.0107(8) 2s²2p²	7 N 氮 14.0067(2) 2s²2p³	8 O 氧 15.9994(3) 2s²2p⁴	9 F 氟 18.9984032(5) 2s²2p⁵	10 Ne 氖 20.1797(6) 2s²2p⁶
3	11 Na 钠 22.98976928(2) 3s¹	12 Mg 镁 24.3050(6) 3s²											13 Al 铝 26.981386(8) 3s²3p¹	14 Si 硅 28.0855(3) 3s²3p²	15 P 磷 30.973762(2) 3s²3p³	16 S 硫 32.065(5) 3s²3p⁴	17 Cl 氯 35.453(2) 3s²3p⁵	18 Ar 氩 39.948(1) 3s²3p⁶
4	19 K 钾 39.0983(1) 4s¹	20 Ca 钙 40.078(4) 4s²	21 Sc 钪 44.955912(6) 3d¹4s²	22 Ti 钛 47.867(1) 3d²4s²	23 V 钒 50.9415(1) 3d³4s²	24 Cr 铬 51.9961(6) 3d⁵4s¹	25 Mn 锰 54.938045(5) 3d⁵4s²	26 Fe 铁 55.845(2) 3d⁶4s²	27 Co 钴 58.933195(5) 3d⁷4s²	28 Ni 镍 58.6934(2) 3d⁸4s²	29 Cu 铜 63.546(3) 3d¹⁰4s¹	30 Zn 锌 65.409(4) 3d¹⁰4s²	31 Ga 镓 69.723(1) 4s²4p¹	32 Ge 锗 72.64(1) 4s²4p²	33 As 砷 74.92160(2) 4s²4p³	34 Se 硒 78.96(3) 4s²4p⁴	35 Br 溴 79.904(1) 4s²4p⁵	36 Kr 氪 83.798(2) 4s²4p⁶
5	37 Rb 铷 85.4678(3) 5s¹	38 Sr 锶 87.62(1) 5s²	39 Y 钇 88.90585(2) 4d¹5s²	40 Zr 锆 91.224(2) 4d²5s²	41 Nb 铌 92.90638(2) 4d⁴5s¹	42 Mo 钼 95.94(2) 4d⁵5s¹	43 Tc 锝* [98] 4d⁵5s²	44 Ru 钌 101.07(2) 4d⁷5s¹	45 Rh 铑 102.90550(2) 4d⁸5s¹	46 Pd 钯 106.42(1) 4d¹⁰	47 Ag 银 107.8682(2) 4d¹⁰5s¹	48 Cd 镉 112.411(8) 4d¹⁰5s²	49 In 铟 114.818(3) 5s²5p¹	50 Sn 锡 118.710(7) 5s²5p²	51 Sb 锑 121.760(1) 5s²5p³	52 Te 碲 127.60(3) 5s²5p⁴	53 I 碘 126.90447(3) 5s²5p⁵	54 Xe 氙 131.293(6) 5s²5p⁶
6	55 Cs 铯 132.9054519(2) 6s¹	56 Ba 钡 137.327(7) 6s²	57~71 La-Lu 镧系	72 Hf 铪 178.49(2) 5d²6s²	73 Ta 钽 180.94788(2) 5d³6s²	74 W 钨 183.84(1) 5d⁴6s²	75 Re 铼 186.207(1) 5d⁵6s²	76 Os 锇 190.23(3) 5d⁶6s²	77 Ir 铱 192.217(3) 5d⁷6s²	78 Pt 铂 195.084(9) 5d⁹6s¹	79 Au 金 196.966569(4) 5d¹⁰6s¹	80 Hg 汞 200.59(2) 5d¹⁰6s²	81 Tl 铊 204.3833(2) 6s²6p¹	82 Pb 铅 207.2(1) 6s²6p²	83 Bi 铋 208.98040(1) 6s²6p³	84 Po 钋* [210] 6s²6p⁴	85 At 砹* [210] 6s²6p⁵	86 Rn 氡* [222] 6s²6p⁶
7	87 Fr 钫* [223] 7s¹	88 Ra 镭* [226] 7s²	89~103 Ac-Lr 锕系	104 Rf 𬬻* [263] 6d²7s²	105 Db 𬭊* [262] 6d³7s²	106 Sg 𬭳* [266] 6d⁴7s²	107 Bh 𬭛* [267] 6d⁵7s²	108 Hs 𬭶* [277] 6d⁶7s²	109 Mt 鿏* [268]	110 Ds 𫟼* [281]	111 Rg 𬬭* [272]	112 Cn 鿔* [285]	113 Nh 鿭* [284]	114 Fl 𫓧* [289]	115 Mc 镆* [288]	116 Lv 𫟷* [293]	117 Ts 鿬* [294]	118 Og 𫠺* [294]

镧系：

57 La 镧 138.90547(7) 5d¹6s²	58 Ce 铈 140.116(1) 4f¹5d¹6s²	59 Pr 镨 140.90765(2) 4f³6s²	60 Nd 钕 144.242(3) 4f⁴6s²	61 Pm 钷* [145] 4f⁵6s²	62 Sm 钐 150.36(2) 4f⁶6s²	63 Eu 铕 151.964(1) 4f⁷6s²	64 Gd 钆 157.25(3) 4f⁷5d¹6s²	65 Tb 铽 158.92535(2) 4f⁹6s²	66 Dy 镝 162.500(1) 4f¹⁰6s²	67 Ho 钬 164.93032(2) 4f¹¹6s²	68 Er 铒 167.259(3) 4f¹²6s²	69 Tm 铥 168.93421(2) 4f¹³6s²	70 Yb 镱 173.04(3) 4f¹⁴6s²	71 Lu 镥 174.967(1) 4f¹⁴5d¹6s²

锕系：

89 Ac 锕* [227] 6d¹7s²	90 Th 钍* 232.03806(2) 6d²7s²	91 Pa 镤* 231.03588(2) 5f²6d¹7s²	92 U 铀* 238.02891(3) 5f³6d¹7s²	93 Np 镎* [237] 5f⁴6d¹7s²	94 Pu 钚* [244] 5f⁶7s²	95 Am 镅* [243] 5f⁷7s²	96 Cm 锔* [247] 5f⁷6d¹7s²	97 Bk 锫* [247] 5f⁹7s²	98 Cf 锎* [251] 5f¹⁰7s²	99 Es 锿* [252] 5f¹¹7s²	100 Fm 镄* [257] 5f¹²7s²	101 Md 钔* [258] 5f¹³7s²	102 No 锘* [259] 5f¹⁴7s²	103 Lr 铹* [262] 5f¹⁴6d¹7s²

注：(1) 黑—固体，红—气体，绿—液体，空心字—人造元素。
(2) 注*的是放射性元素。
(3) 以C为基准，[ ]表示半衰期最长的同位素。
(4) ( ) 表示可能的价电子组态。

溶液呈碱性。

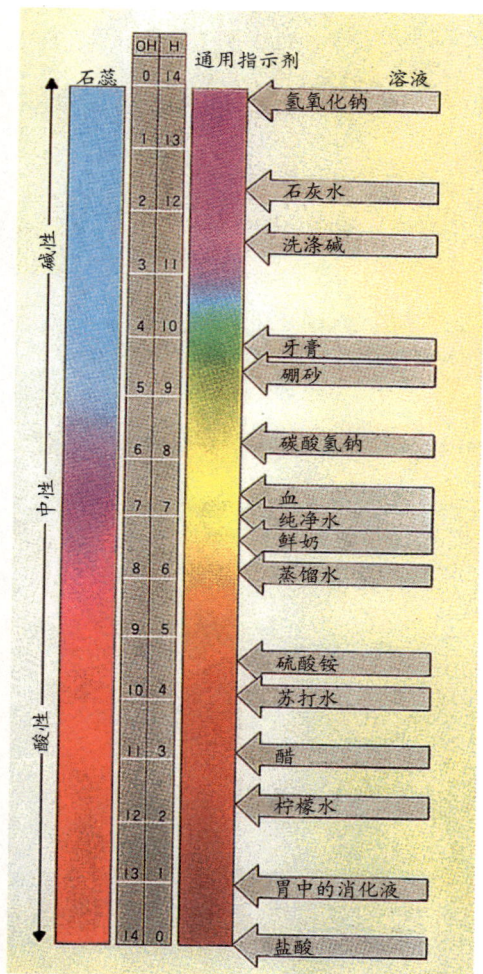

常见物质的pH

溶液的酸碱度常用 pH 表示，取值在 0 ～ 14 之间。pH ＝ 7 时，溶液呈中性；pH ＜ 7 时，溶液呈酸性；pH ＞ 7 时，溶液呈碱性。

测定溶液的 pH 的方法是使用"广泛 pH 试纸"。扯一条 pH 试纸，在上面滴上待测液，然后把试纸显示的颜色与标准比色卡对照，便可得知待测液的 pH，方法简便而快速。

经科学测定，农作物生长适宜的土壤 pH 在 4 ～ 8。人们吃的食物酸碱度各不相同：醋的 pH 为 2.4 ～ 3.4，番茄的 pH 是 4.0 ～ 4.4，鸡蛋清的 pH 是 7.6 ～ 8.0，玉米粥的 pH 是 6.8 ～ 8.0。人血液的 pH 基本上在 7.3 ～ 7.4，运动之后血液的酸度会增加，休息数小时后才能恢复到正常值。

酸碱指示剂

一类能随着溶液酸碱性的变化而使溶液颜色发生变化的化学试剂。它是一种有机弱酸或有机弱碱，在水溶液中由于它们的分子和离子具有不同的颜色，当溶液的酸度发生变化时，指示剂分子和离子的浓度

百里酚蓝指示剂

比发生了变化，从而呈现不同的颜色。常用的酸碱指示剂有酚酞、石蕊、甲基橙、甲基红等，它们的变色范围见下表：

指示剂	pH 变色范围	颜色变化
甲基橙	3.1→橙色 4.4	红～黄
甲基红	4.4→橙色 6.2	红～黄
石蕊	5.0→紫色 8.0	红～蓝
酚酞	8.2→粉红色 10.0	无～红

稀有气体

元素周期表中第 18 列元素的总称。1785 年，英国科学家 H. 卡文迪什发现，空气中的氮气和氧气被除尽后，仍有很少量的残余气体存在，但这一现象在当时并未引起足够的重视。直到 1892 年，英国科学家瑞利发现从氮的化合物中制得的氮气和从空气中分离出来的氮气在相同条件下每升的质量相差几毫克，他没有忽视这一细微的差别，联想到卡文迪什的发现，他怀疑来自大气的氮气中含有尚未发现的较重气体。经过多方面试验，他断定该气体为一种新元素，并将其命名为"氩"。瑞利的杰出成果为他赢得了 1904 年的诺贝尔物理学奖。

在氩气被发现后的 10 年间，氦、氖、氪、氙、氡 5 种气体也相继被发现。稀有气体化学性质非常稳定，人们还一度把它们称作惰性气体。后来，人们又合成了氡。随着科学技术的发展，人们已经发现，在一定的条件下，有些稀有气体也能跟某些物质发生化学反应。

氮

非金属元素，化学符号为N。纯净的氮气是无色、无味的气体，可由空气分离而得。氮气的化学性质不活泼，但高温下能与锂、镁、钙等化合，在放电条件下也能与空气中氧气作用生成NO。

氮气可供填充灯泡，用作易氧化、易挥发、易燃物质或反应器中的保护气体，以及在食品工业中用来防止食品腐烂变质。氮气还容易被液化和固化。液氮是一种普遍的冷冻干燥剂，在医学方面用于保护血液、活组织等，在机械工业中用作仪器或机件的深度冷冻剂。

氮的固定

空气中虽然含有大量的氮气，但多数生物不能直接吸收氮气，只能吸收含氮的化合物。因此，需要把空气中的氮气转变成氮的化合物，才能作为动植物的养料。这种将游离态的氮转变为化合态的方法，称作氮的固定。在自然界，大豆、蚕豆等豆科植物的根部都有根瘤菌，能把空气中的氮气转化成含氮化合物，所以种植这些植物时不需施用或只需施用少量氮肥。另外，放电条件下氮气与氧气化合，以及工业上合成氨等也属于氮的固定。

氮气在空气中体积占比约78%，是空气的主要组分。同时，氮也是蛋白质的重要组成成分，动植物生长都需要吸收含氮的养料。自然界中存在着氮的循环，氮的固定和循环对于自然界意义重大。通过氮的固定，化合态的氮才能进入土壤，植物从土壤中吸收含氮化合物制造蛋白质，动物则靠食用植物得到蛋白质。动物的尸体残骸、排泄物及植物的腐败物等再被细菌分解，变为含氮

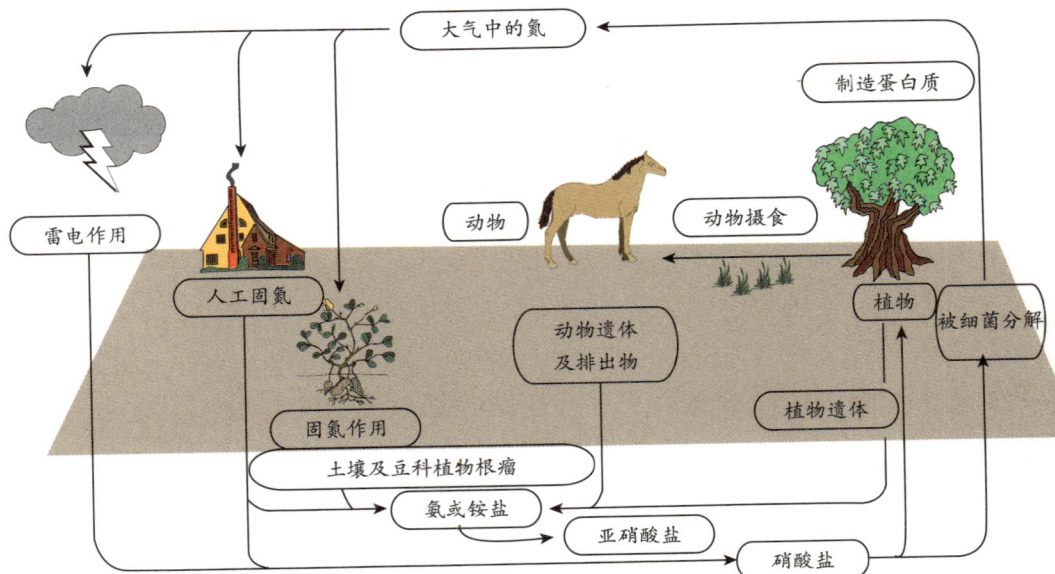

氮循环图

化合物，部分被植物吸收；土壤中的硝酸盐也会被细菌分解而转化成氮气，再次回到大气中。氮在大气中的浓度就是氮循环平衡的结果。

氧

非金属元素，化学符号为O。在常温下氧气是无色、无味的气体，比空气重，可被液化和固化。氧的另一种单质是臭氧。

氧具有强氧化性，高温时几乎能与所有单质发生作用。

氧气最重要的用途是供给呼吸和支持燃烧，是动植物生命过程中不可缺少的物质。

实验室中常用加热分解氯酸钾或高锰酸钾来制取氧气，加热氯酸钾时还需要加入一些二氧化锰。工业上较大规模生产氧，采用液态空气分馏的方法，将惰性气体和氮气分馏出去，留下的即为氧。纯度高的氧也可用电解法生产。

臭氧

氧元素除氧气以外的另一

种单质，化学式为 O_3。它是淡蓝色、有鱼腥臭味的气体，液态时呈深蓝色，固态时是深紫色晶体。

臭氧主要分布在距地面 10～50 千米的高空，形成一层臭氧层。臭氧层对保护地球上的生命起着重要作用，它可吸收大部分紫外线，使地面上生物免遭太阳紫外线的伤害，并且还可以吸收地球本身的红外辐射，防止地球变冷。

臭氧是已知可利用的最强氧化剂之一。在实际使用中，臭氧呈现出突出的杀菌消毒作用，可使细菌、真菌等菌体的蛋白质外壳氧化变性，杀灭细菌繁殖体和芽孢、病毒、真菌等，而对健康细胞无害。因此，臭氧可用于水和空气的消毒、清除居室异味、预防疾病交叉感染。使用臭氧时最适宜的方式是将臭氧溶解于水，形成所谓"臭氧水"，它的杀菌速率比

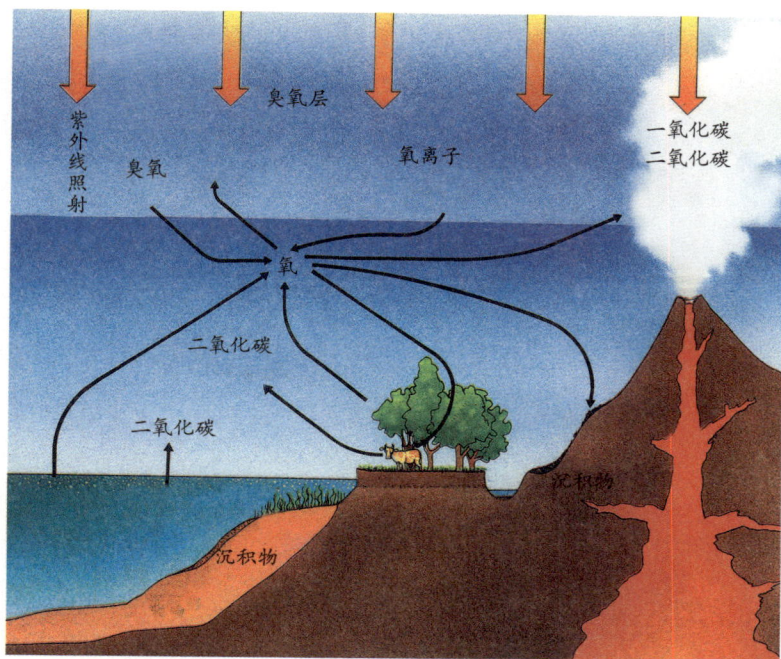

氧循环图

氯快许多倍。

液态臭氧还可用作火箭燃料燃烧时的高能氧化剂。工业上生产臭氧是通过在臭氧发生器中放电，从而使氧气转变为臭氧。

臭氧空洞

20 世纪 30 年代以来，氯氟烃（商品名为氟利昂）被广泛用作冰箱、空调等设备的制冷剂。氯氟烃穿出臭氧层后，会产生极为活泼的氯原子，专门拆散臭氧分子，使臭氧层逐渐变薄，出现空洞，即臭氧空洞。除了氯氟烃外，氮氧化物、一氧化碳、甲烷等也会破坏臭氧层。

臭氧层出现空洞后，会使更多的紫外线照射到地球表面，导致皮肤癌的发病率大大增加，如不采取措施，后果不堪设想。1987 年通过的《蒙特利尔议定书》规定了保护臭氧层受控物

质种类和淘汰时间表，成为全球合作保护臭氧层的纲领性文件。到 2050 年，我们上空的臭氧空洞可望开始恢复。

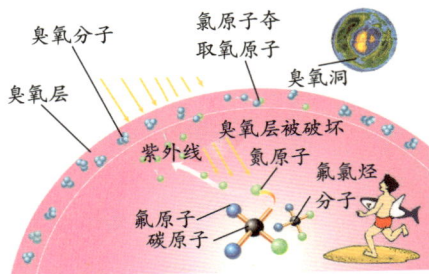

臭氧空洞

氢

非金属元素，化学符号为 H。氢是最轻的元素，也是宇宙中含量最丰富的元素之一，广泛存在于星体和星际的气体中。氢元素的单质是氢气。氢气是双原子分子，为无色无臭的气体，是所有气体中最轻的，可用于填充氢气球。氢气有可燃性，与空气、氧气、氯气等助燃气体在一定体积比下混合可能发生爆炸，因此在使用氢气前必须进行纯度检验。

实验室里制取较多氢气时

常使用启普发生器。工业上制备氢气可采用电解水或水煤气法。液态氢可作为燃料。与石油、煤等有限的传统资源相比，氢气是一种来源广泛、热值高的清洁能源。

氟

非金属元素，化学符号为 F。单质氟是淡黄色、有刺激性臭味的有毒气体。氟的性质非常活泼，稀有气体的第一种化合物就是氟的化合物——六氟合铂酸氙。

1884 年，法国化学家 H. 穆瓦桑开始了提取氟的研究工作。通过总结前人失败的教训，穆瓦桑意识到必须选用低熔点的氟化物作为制取氟的原料，因为温度越高，氟的化学性质就越活泼。1886 年，他把氢氧化钾溶解在无水氢氟酸中作为电解液，将它置于铂制的 U 型管中，以强耐腐蚀的铂铱合金为电极，用萤石制成的螺旋帽封住管口。为了降低电解液的温度，他用氯作冷冻剂使 U 型管冷却到 -23℃。这样，他终于在 1886 年 6 月 26 日离析出了一种淡黄色气体——氟。人类最终抓住了这个"性情"暴烈的元素。

氟是一种用途广泛的元素。氟化钠可以预防儿童龋齿，聚四氟乙烯是耐高温、耐低温、耐氧化、耐腐蚀的化工材料和绝缘材料。在核工业中人们利用铀的氟化物分离铀 -235 和铀 -238，制取核原料。航天工业中，用单质氟作火箭燃料。

硬水和软水

溶有较多钙盐和镁盐的天然水称作硬水；只溶有少量或不溶解钙盐和镁盐的天然水称作软水。硬水中含盐量通常以硬度来表示，即把 1 升水里含有 10 毫克 CaO（或相当于 10 毫克 CaO）称硬度为 1 度。水的硬度在 8 度以下的为软水，在 8 度以上的为硬水。如果水的硬度是由钙和镁的碳酸氢盐所引起的，称为暂时硬度。这种硬度可以用加热的方法来降低。如果水的硬度是由钙和镁的硫酸盐或氯化物等所引起的，称作永久硬度。永久硬度不能用加热的方法来降低。

水的硬度过高会降低肥皂的去污能力，增加锅炉的能耗并缩短锅炉的使用寿命，此外也不利于人体健康。因此需要对天然水进行处理，以降低或消除它的硬度。

水体的自净能力

水是一种重要的分散剂，在自然循环中水分散了许许多多的物质，如矿藏中的盐分、矿物质，空气中的气体，乃至土壤中的泥沙。与此同时，水在循环中也不断地除去污浊杂质，保持着自身的洁净，这就是水的自然净化。印度恒河被印度教徒视为圣河。每一位教徒都要到河中沐浴。恒河具有较强的自净能力，因此没有污染。

水的自然净化有多种途径。在水的循环中，污染物可

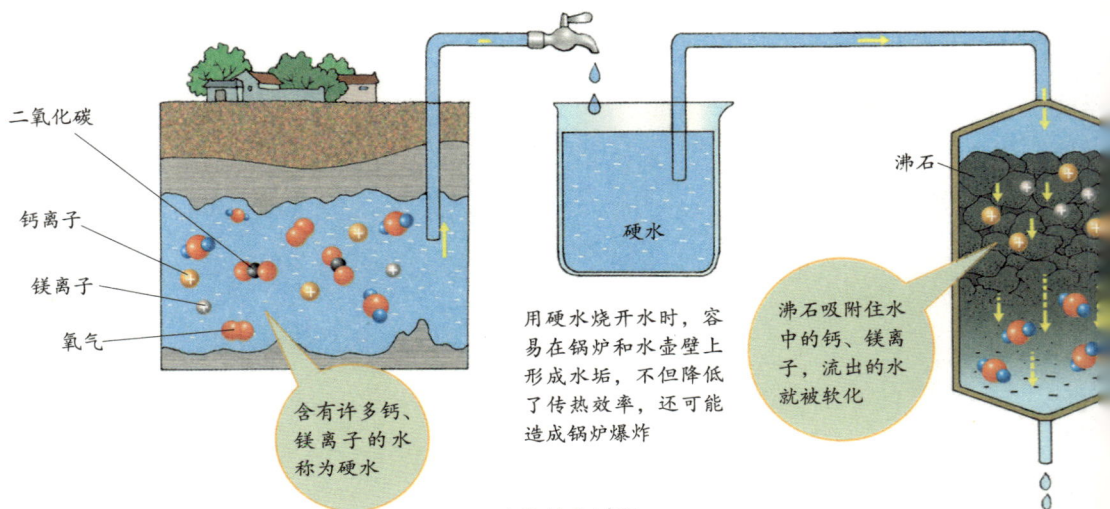

二氧化碳

钙离子

镁离子

氧气

硬水

沸石

含有许多钙、镁离子的水称为硬水

用硬水烧开水时，容易在锅炉和水壶壁上形成水垢，不但降低了传热效率，还可能造成锅炉爆炸

沸石吸附住水中的钙、镁离子，流出的水就被软化

水的软化过程

能发生挥发、沉降、吸附等物理变化，也会发生氧化和微生物分解等化学变化。经过上述过程，水体中总还有一些自然污染物，但少量的自然污染物，经水的稀释会变得微不足道，水体经过一定时间可基本上或完全恢复到原来的状态。

但是，水体的自净能力是有限的。如果在短时间内排入水体的污染物数量超过某一界限，将造成水体的永久性污染。一般来说，江河水体的自净能力比较强，而湖泊、水库等静水水体的自净能力则比较弱，容易发生严重污染。另外，一些污染物，如铅、镉等重金属的存在也会降低水体的自净能力。

水的净化

在某些农村，人们利用明矾溶于水后生成胶状物，吸附杂质使其沉降来达到净水的目的；而城市生活用水是经自来水厂净化处理的。自来水厂除了采用自然沉降、混凝等方法除去悬浮物以外，还会在水中加入少量漂白粉（含氯）作为杀菌剂进行消毒。

除了去除污染物，人们还希望降低水中钙、镁离子的含量来将水软化。离子交换法是最简单易行的方法。将待处理的水通过阳离子交换树脂，水中的钙、镁离子会与树脂上的H^+交换而被除去，得到软水。长期使用过的树脂可以经过再生处理后再次使用，非常方便。

反渗透是一种受到关注的净水技术。依靠外加压力使水通过反渗透膜，就能将多种溶解盐类、胶体、细菌、病毒、有机物截留，简化了净水过程。

氯

非金属元素，化学符号为

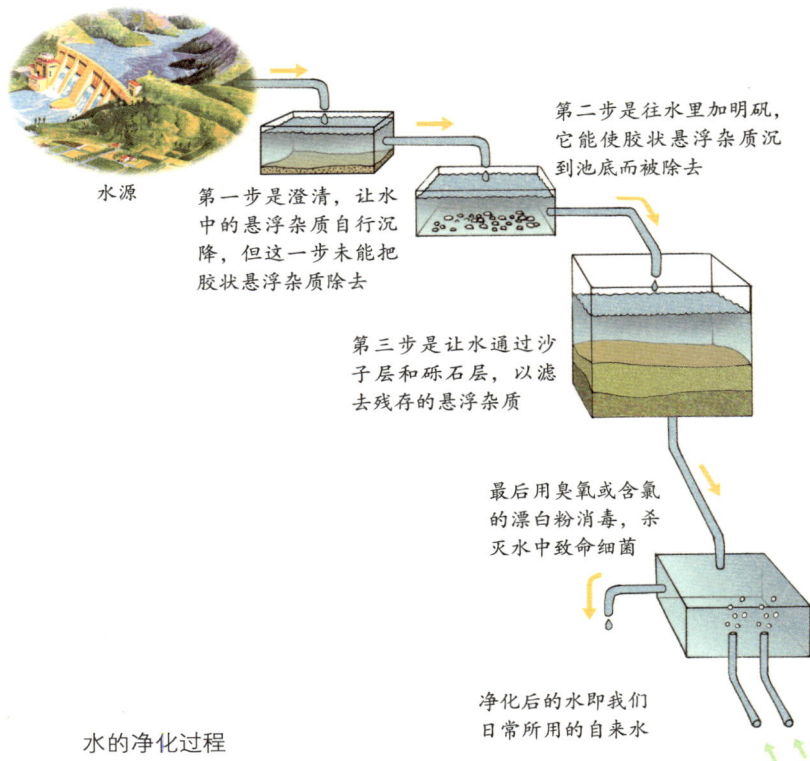

水源

第一步是澄清，让水中的悬浮杂质自行沉降，但这一步未能把胶状悬浮杂质除去

第二步是往水里加明矾，它能使胶状悬浮杂质沉到池底而被除去

第三步是让水通过沙子层和砾石层，以滤去残存的悬浮杂质

最后用臭氧或含氯的漂白粉消毒，杀灭水中致命细菌

净化后的水即我们日常所用的自来水

水的净化过程

Cl。氯气是一种非常活泼的浅黄绿色、腐蚀性气体，有剧毒性。氯气是有效的快速漂白剂，拉瓦锡的合作伙伴，法国化学家 C.-L. 贝托莱把布浸泡在氯水中，经洗涤晾干，布匹立即变得雪白而有光泽。氯气的产量是工业发展的重要标志。

氯气具有窒息性臭味，对眼和呼吸系统都有刺激作用，甚至致人死亡。

重水

氘与氧组成的水，化学式为 D_2O。纯重水在 1933 年制得，由于其密度比普通水大，而称为重水。

1940 年秋天，德国入侵挪威，占领了世界上唯一一座重水工厂。英国于 1943 年派出突击队，不惜巨大代价炸毁了那座工厂，以防德国获得军事优势。

重水的主要用途是在核反应堆中作中子减速剂。为了防止核扩散，重水的生产和出售在很多国家都受到限制。重水也可用作冷却剂和示踪材料。但是重水对生物（包括人类）有害，浓度为60％时即可致死。

普通水与重水的物理性质对比

	密度（25℃）（克／厘米³）	熔点（℃）	沸点（℃）	临界温度（℃）
普通水	0.99701	0.00	100.00	371.2
重水	1.1044	3.81	101.42	371.5

海水淡化

利用物理或化学方法将海水中的盐分除去以获得淡水的工艺过程。又称海水脱盐。目前常用的方法主要有两类：①采用蒸馏法、反渗透法、水合物法、溶剂萃取法和冰冻法等从海水中取水。②采用压渗法、离子交换法和电渗析法等除去海水中的盐分。

海水淡化成本较高是多年来制约海水淡化产业发展的一个关键因素。目前，随着海水淡化技术的进步，淡化水的成本正逐步降低，海水淡化的前景也将越来越广阔。

海水淡化

碱金属

元素周期表中最左边一列除氢元素外的6种元素都是金属元素，化学性质都非常活泼，且与水反应所生成的化合物都显碱性，所以统称为碱金属，包括锂、钠、钾、铷、铯、钫。对钾、钠的发现做出重大贡献的是英国化学家 H. 戴维。戴维多次改进实验装置，终于取得了成功。他把由苛性钾电解出的新金属取名为"钾"，原意即"草木灰"，因为苛性钾来自木灰碱。他又以同样的方法从苛性钠中电解出了金属钠。"钠"原意即"苏打素",因为当时称苛性钠为苛性苏打。两种新元素的发现都在1807年,时间仅仅相隔几天。1817年瑞典化学家 J.A. 阿弗韦聪发现了锂。1860年英国科学家 R.W. 本生和 G.R. 基尔霍夫发现了铯,1861年他俩又发现了铷。1939年法国化学家 M. 佩雷发现了钫。至此,6 种碱金属全部被发现。

钠与钾的合金常温下呈液态,被用作核反应堆的冷却剂。高压钠灯是很好的照明灯,钠还用于还原制取钛等金属。钾肥则是植物生长的三大营养素

之一。锂在冶金工业中用作脱泡剂和脱氧剂,也用于原子能工业。

氢氧化钠

化学式为 NaOH。俗名烧碱、火碱、苛性钠。从这些别称里,不难想到这是一种腐蚀性很强的碱类。纯品为白色固体,熔点 323℃,沸点 1388℃,有很强的吸湿性,易溶于水,溶于水时强烈放热,加热时熔化挥发而不分解。氢氧化钠属强碱,化学性质活泼,具有碱的通性,可与许多单质(如卤素)、氧化物(如二氧化碳、二氧化硫)、几乎所有酸类、无机盐(如铜盐、铁盐)及有机物(如

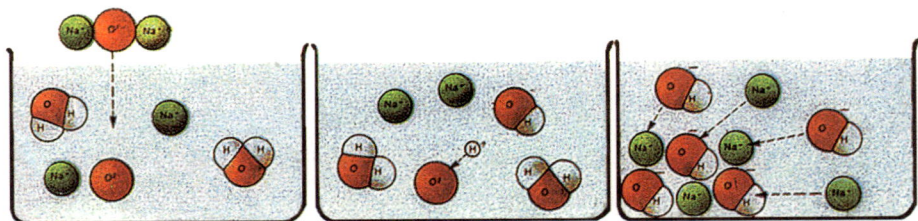

①氧化钠溶于水,产生钠离子和氧离子　　②氧离子与水中质子作用,形成氢氧离子　　③经蒸发,氢氧离子与钠离子结合,形成氢氧化钠

氢氧化钠的生成示意图

酯类）等发生化学反应。固体氢氧化钠因可从空气中吸收二氧化碳而生成碳酸钠，故须密闭保存在铁罐或玻璃瓶中。又由于其溶液可与玻璃中的二氧化硅反应生成硅酸钠，所以氢氧化钠溶液一定要盛放在配有胶塞的试剂瓶内，若还用原磨口玻璃塞，便会被所生成的硅酸钠黏死而无法倒出。

工业上制备氢氧化钠主要用电解饱和食盐水法。被称为"氯碱工业"的这种方法可一箭三雕，一举得到氯、氢氧化钠和氢。

碳酸钠

化学式为 Na_2CO_3。俗称纯碱或苏打。纯品为白色粉末，易溶于水和甘油，微溶于无水乙醇，难溶于丙醇。

碳酸钠及其各种水合物入水即水解，溶液呈碱性。若在空气中久置则可吸收水和二氧化碳，生成碳酸氢钠。

> **碳酸氢钠**　小苏打的化学名称为碳酸氢钠，又称酸式碳酸氢钠，化学式 $NaHCO_3$。纯品为白色粉末，在水中的溶解度比 Na_2CO_3 略小。
> 　　碳酸氢钠用氨碱法制备。碳酸氢钠除了用于灭火外，还常在食品工业及日常烹饪中用作焙发粉，也在橡胶等工业中用作发泡剂。

碳酸钠最早的工业制造方法是氨碱法，又称索尔维制碱法。比利时化学家 E. 索尔维在 1861 年食用盐、氨、二氧化碳作原料合成碳酸钠。其原料、原理大致如下：

$$NH_3+CO_2+H_2O = NH_4HCO_3$$

$$NH_4HCO_3+NaCl =$$

$$NaHCO_3+NH_4Cl$$

$$2NaHCO_3 = Na_2CO_3+H_2O+CO_2\uparrow$$

这个方法用 CaO 处理母液中的 NH_4Cl 以回收 NH_3，但却生成了用处不大的副产品 $CaCl_2$。20 世纪 20 年代，中国化学家、著名制碱专家侯德榜进行改进索尔维制碱法的研究，并于 1924 年打破了美英等国的垄断，制出了纯碱。后来他又提出联合制碱法，即被世人称道的侯氏联合制碱法，直至今天，中国各制碱厂仍沿用此法。

石灰

生石灰和熟石灰的泛称，在欧洲有时还包括石灰石。房屋建成后，人们往往要用白色的膏浆进行室内墙壁的粉刷。传统的粉刷涂料，主要成分是石灰。

生石灰的主要成分是氧化钙，化学式为 CaO，纯净的生石灰为白色，含有杂质时可呈浅灰或微黄色，一般为块状，也可加工成粉状袋装销售。生石灰能强烈吸收水分并与水化合生成氢氧化钙，即熟石灰，也叫消石灰，同时放出大量的热：

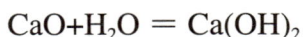

$$CaO + H_2O = Ca(OH)_2$$

正因为生石灰有这样的性质，所以人们常用生石灰作干燥剂，以吸收一些气体中的水分或房间里的潮气。生石灰的用途广泛，常被大量用作建筑材料。工业生产中它是制造电石、漂白粉、硬水软化剂等产品的原料，还用于制革、冶金、废水净化等方面。农业上还用它的粉剂来改良土壤，降低土壤酸性和增高土壤的团粒结构。在古代，人们曾用生石灰与草木灰加水反应生成的氢氧化钾来除痣美容。至今，一些厨师还用它与纯碱的混合液来泡发鱿鱼等。

熟石灰的主要成分是氢氧化钙，化学式为 $Ca(OH)_2$。它是白色粉末，微溶于水，对皮肤、织物（尤其是毛织物）有很强的腐蚀性。因有较强的吸湿性，故很少能见到极干的熟石灰。熟石灰在空气中能吸收二氧化碳，生成碳酸钙和水。这就是用石灰新抹的墙面会"出汗"并变硬的缘故。工业上，熟石灰可制漂白粉、硬水软化剂、消毒剂、制酸剂、收敛剂等。熟石灰的澄清水溶液叫石灰水，实验中常用来验证二氧化碳的存在，此外还用于制糖及医药等。熟石灰与水组成的浓稠悬浊液称石灰乳，用来刷墙和树干；由黏土、熟石灰、沙组成的"三合土"则用于垫地基等建筑用途。

石灰石的主要成分是碳酸钙，化学式为 $CaCO_3$。它是自然界中最常见的一种矿石，因含杂质不同可呈灰白、深灰、浅黄等颜色，其中带有黑灰色条纹的叫大理石，纯白的称汉白玉，几乎不溶于水，能溶于盐酸、硝酸并发生复分解反应，迅速放出二氧化碳。碳酸钙溶于含二氧化碳的水中则生成可溶性碳酸氢钙。正是由于这个原因，自然界中石灰岩地区常有溶洞形成。碳酸氢钙再在水滴滴落过程中分解而逐渐形成石钟乳、石笋、石柱、石幔，进而形成喀斯特奇观。

溶洞中的钟乳石最初是薄麦秸形的碳酸钙，之后经过数百年变成厚密的钟乳石

石灰石在建筑业中可做石料，用来做地基或砌墙，碳酸钙含量高的则用来烧制生石灰。此外，它还可在炼铁炼钢中用作熔剂来降低冶炼温度和除去矿石中夹杂的脉石，在硅酸盐工业中是制造玻璃和水泥不可缺少的原料。

碳

非金属元素，化学符号 C。碳对人类来说并不陌生。早在远古时期人们钻木取火后，就得到了木炭。这是人们对碳的最初利用。地壳中碳的丰度约为 0.02%，含量并不高，但其化合物是地球上最多的物质。

在地壳中碳主要以碳酸盐矿形式存在，如方解石、石灰石、大理石等。以单质存在的有金刚石和石墨。大气中存在碳的化合物二氧化碳，煤是天然存在的无定形碳，石油、天然气的主要成分为碳氢化合物，动植物体中的脂肪、蛋白质、淀粉、纤维素等都是含碳的化合物。因此可以说碳是有机界的主要元素。

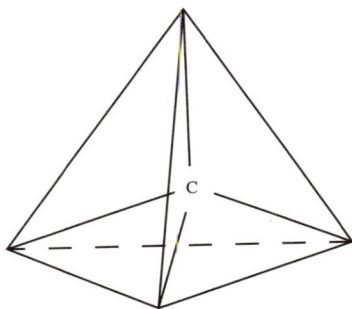

碳原子的正四面体构型

碳有无定形和结晶形两种形态，无定形碳有木炭、烟墨、骨炭、煤、焦炭；结晶形碳有金刚石和石墨两种。金刚石和石墨虽然都是碳的单质存在形式，但分子结构不同，性质也截然不同，称为同素异形体。

碳60 碳60是一种碳元素单质，化学符号为 C_{60}。受建筑师 R.B. 富勒设计的拱形圆顶建筑结构的启发，英国科学家 H.W. 克罗托提出了 C_{60} 分子具有封闭球形结构的设想。最后，他的设想被光谱测量所证实。

由于 C_{60} 分子的形状和结构酷似足球，所以被形象地称为"足球烯"。基于富勒的启发，C_{60} 及 C_{70} 等后来发现的一系列碳原子簇称为富勒烯。

碳化物指二元的碳化合物，但不包括碳与氧、硫、磷、氮和卤素形成的化合物。重要的碳化物有碳化铍、碳化铝、碳化钙等。

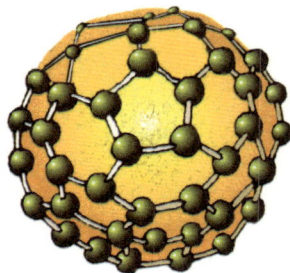

碳60结构

碳单质

碳单质形式多种多样，结构和物理性质各异，包括最硬的天然物质金刚石、最软的矿物石墨、多孔的无定形碳、球状的富勒烯等。

由于各种碳单质的性质差异，它们的用途各不相同。金刚石可用于切割玻璃和制作钻石；石墨能导电，用于制作电极；无定形碳可用作吸附剂；而富勒烯具有超导、半导体性质及强磁性等，在光、电、磁等领域有潜在的应用前景。有一种典型的富勒烯称为碳纳米管，是潜在的超强材料。据理论计算，它的强度是钢的100倍，而重量仅为钢的1/7，做成碳纤维，将是理想的轻质高强度材料。碳纳米管还具有极强的储气能力，可用在燃料电池的储氢装置上。

尽管碳单质的形态各异，但它们都是由碳原子构成的。碳单质在常温下化学性质都不活泼，但在高温下，能够跟很多物质起反应。煤的主要成分是碳，它在氧气或空气中燃烧时放出热，可以直接供人们取暖、加热。高温下单质碳还具有还原性，可用于冶金工业。例如，焦炭可以把铁从它的氧化物矿石里还原出来。

金刚石

天然存在的硬度最高的物质，碳元素的一种单质。工人师傅在窗上安装玻璃时，常常需要把玻璃按照一定的大小裁下来。这时可用玻璃刀一划，再用双手一掰，玻璃马上就会被裁成两半。玻璃刀之所以能切割玻璃，是因为玻璃刀头上镶有一个小颗粒，它就是金刚石。

纯净的金刚石是一种无色透明的固体，含有杂质的金刚石带棕、黑等颜色。莫氏硬度系数为10，显微硬度比石英高1000倍，比刚玉高150倍，是已知物质中硬度最高的。天然采集到的金刚石并不带闪烁光泽，需要经过仔细琢磨成许多面后，才成为璀璨夺目的装饰品——钻石。金刚石不导电，在室温下与所有化学试剂（酸、碱、氧化剂等）均不发生反应。

金刚石型结构，即在金刚石的晶体结构中，每一个碳原子均被其他4个碳原子围绕，形成四面体配位，任何两相邻碳原子之间的距离均为0.154纳米，是典型的共价键晶体。自然界中存在极少量六方晶系的六方金刚石，是金刚石的另一种同质多象矿物。

金刚石的晶体结构模型——共价键型晶体

坚硬是金刚石最重要的性质。利用这个性质，除可用金刚石划玻璃外，还可用它切割大理石，加工坚硬的金属，把它装在钻探机的钻头上，钻凿

坚硬的岩层等。1953年人们已用人工方法制造出了人造金刚石。

石墨

碳元素的一种单质。写字用的铅笔芯主要成分是石墨，铅笔芯在纸上划过，会留下深灰色的痕迹，这说明石墨很软。石墨是最软的矿物之一。

石墨为灰黑色不透明晶体，有金属光泽，质软、有润滑性，能导电、导热。晶体结构属层状结构，碳原子按六方环状排列成层。

石墨在工业上大量用来制作电刷、套筒轴承、密封圈、冶金模、坩埚等，还用来制造化学反应器内衬、热交换器、管、阀和其他工艺设备的零配件。石墨还能做电子管的阳极、反应堆的慢化剂和反射层材料、火箭发动机喷管和导航方向舵片。石墨粉可用作固体润滑剂、颜料和铅笔芯。

石墨的晶体结构模型

素。活性炭结构多孔，增大了与物质接触时的表面积，因此具有高吸附能力，能将各种气体、蒸气以及溶液里的溶质吸附在表面上。正是因为它有这一特点，才被用于防毒面具中。除此之外，活性炭还被用来做制糖工业上的脱色剂和电冰箱中的除臭剂。

活性炭

经活化处理的无定形碳。无味、无毒，外观黑色、内部孔隙结构发达，比表面积大。

活性炭通常呈粉末状，化学成分就是我们最常见的碳元

木炭

木材或木质原料经过不完全燃烧或者在隔绝空气的条件下热解所残留的深褐色或黑色多孔固体燃料。中国一些地区

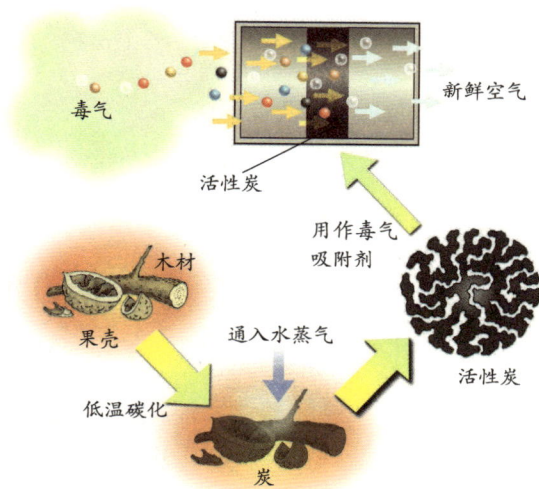
毒气
新鲜空气
活性炭
用作毒气吸附剂
木材
果壳
通入水蒸气
低温碳化
炭
活性炭
活性炭制取及应用

冬天仍然在燃烧木炭取暖。

一般来说，疏松多孔的结构具有较强的吸附能力，木炭也是如此。将它投放到滴有红墨水的水中，充分振荡后能发现红色变浅或消失。活性炭就是木炭经过特殊高温处理制得的。

碳 -14 测年法

根据生物体死亡后停止新陈代谢和该生物体中碳 -14 的量因衰变不断减少的规律而建立起来的，推算生物体死亡年代的方法。由美国放射化学家 W.F. 利比建立。他为此获得 1960 年诺贝尔化学奖。在碳原子的同位素中，只有天然同位素碳 -14 具有放射性，它在非常缓慢地变为氮 -14，称为元素衰变。碳 -14 的衰变极有规律，其精确性可以称为自然界的"标准时钟"。这个方法还有效而广泛地用于考古，也用于化学反应机理、碳原子定位、同位素交换，以及生理、病理和药理的研究。

一氧化碳

化学式 CO，是无色、无味、剧毒的可燃性气体。用煤炉烧水，水开时常常会溢出来。水洒在通红的煤上，火不但不熄灭，反而"呼"的一声，会蹿出很高的火苗来。这是因为水和炽热的碳发生化学反应，生成了一氧化碳和氢气：

$$C+H_2O \xrightarrow{高温} CO\uparrow +H_2\uparrow$$

一氧化碳和氢气都能燃烧，因此就会蹿出很高的火苗来。工业上就是利用这个反应制备一氧化碳。

一氧化碳的毒性体现在它被吸进肺里能跟血液中的血红蛋白结合，使血红蛋白失去载氧能力。人如吸入少量的一氧化碳就会感到头痛，吸入较多量的一氧化碳，就会因缺乏氧气而死亡。冬天用煤火取暖，如果不注意通风，就会发生煤气中毒事件。

一氧化碳难溶于水，高温下具有还原性，在适当高温下能将许多金属氧化物还原成金属，因此广泛应用于冶金工业。一氧化碳在空气中燃烧呈淡蓝色火焰，放出大量的热并转变成二氧化碳，是一种气态燃料。在煤炉里煤层的上方能看到蓝色的火焰，这就是一氧化碳的燃烧。

二氧化碳

化学式 CO_2，是一种无色的微酸性气体。二氧化碳和氧气的循环是自然界中最重要的循环。

人和动植物的呼吸以及燃料的燃烧放出大量的二氧化碳，这些二氧化碳被绿色植物的光合作用转化为氧气，供给生物体的呼吸和燃料燃烧。因此，

虽然二氧化碳只占空气总体积的 0.03％，但假如把这 0.03％的二氧化碳从空气中除去的话，自然界的生命活动将不能进行。二氧化碳还是温室气体，与温室效应密切相关。

二氧化碳的密度约是空气

干冰 二氧化碳气体很容易液化和固化。将二氧化碳气体降温、加压，能制成外形像冰一样的固体，这就是干冰。干冰是一种比冰更好的制冷剂，它的冷却温度比冰低得多，可以产生 $-78℃$ 的低温。而且，干冰在室温下，不会像冰那样变成液体，而直接升华成为温度很低的、干燥的二氧化碳气体，因此它的冷藏效果特别好。

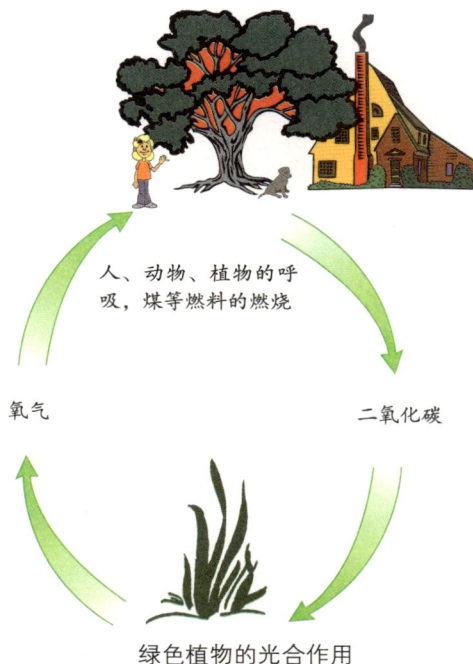

人、动物、植物的呼吸，煤等燃料的燃烧

氧气

二氧化碳

绿色植物的光合作用

的 1.5 倍，不支持燃烧，因此可用于灭火。二氧化碳溶于水生成碳酸。二氧化碳还是一种重要的化学试剂，被大量地用于生产纯碱、小苏打、氧化铝、尿素、保鲜剂、碳酸饮料等。

水泥

粉状水硬性无机胶凝材料，与水拌合后能在空气中或水下硬结，将砂、石等材料胶结成一个坚固整体。水泥广泛用于建筑、交通、国防等领域。常见的硅酸盐水泥是以磨细的石灰石和富含二氧化硅的黏土，经煤气或煤粉加热至约1500℃，形成"熟料"烧结块，冷却后再加入一定比例的石膏，然后一起磨成细粉而制成。水泥大多数为灰色。为改善水泥性能、增加品种、综合利用、降低成本、扩大使用范围，人们又在水泥熟料中掺入适当比例的其他材料，制成各种混合

水泥，例如矿渣水泥、沸石岩水泥、轻体泡沫水泥、白色水泥、变色水泥等。另有快硬水泥、抗硫酸盐水泥、自应力水泥等特种水泥。

硅

非金属元素，化学符号是Si。它是构成矿物与岩石的主要元素。在自然界硅无游离状态，都存在于化合物中。硅约占地壳总重量的 28.2%，其丰度仅次于氧。

硅是非金属元素，有无定形和晶体两种同素异形体，晶体硅具有金属光泽和某些金属特性，因此常被称为准金属元素。硅是一种重要的半导体材料，掺微量杂质的硅单晶可用来制造大功率晶体管、整流器和太阳能电池等。1997 年中国第一根直径约 30 厘米直拉硅单晶研制成功。这一进展使中国成为继美国、日本、德国之后

硅酸盐岩——硅在自然界中最常见的存在形式

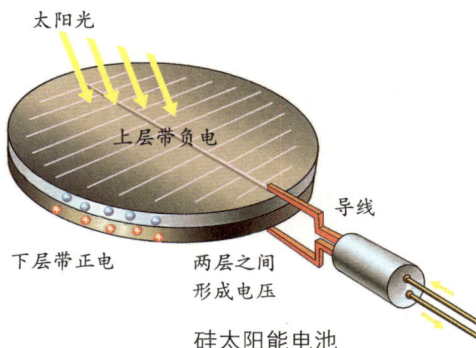

硅太阳能电池

具有拉制大直径硅单晶技术的国家。二氧化硅（硅石）是最普遍的化合物，在自然界中分布极广，构成各种矿物和岩石。最重要的晶体硅石是石英。大而透明的石英晶体叫水晶，黑色几乎不透明的石英晶体叫墨晶。常见的砂子是含杂质的石英。石英的硬度为 7。石英玻璃能透过紫外线，可以用来制造汞蒸气紫外光灯和光学仪器。自然界中还有无定形的硅，称作硅藻土，常用作甘油炸药的吸附体，也可作绝热、隔音材料。普通的砂子是制造玻璃、陶瓷、水泥和耐火材料等的原料。硅酸干燥脱水后的产物为硅胶，具有很强的吸附能力，能吸收各种气体，因此常用来做吸附剂、干燥剂和部分催化剂的载体。

高纯硅

硅晶体是灰黑色固体，熔、沸点和硬度都很高。硅是良好的半导体材料，由于它良好的性能和广泛的来源，从 20 世纪中叶开始，硅成了信息技术中的关键材料。但普通的硅是不能用作半导体材料的，因为它里面有许多杂质。半导体材料中极微量的杂质会引起半导体性能的明显变化。因此，要控制半导体的性质，首先要把材料提纯到尽可能高的纯度，使之成为超纯材料，再在超纯材料中人为地掺入适量的某种有用杂质，才能获得所需性能的半导体。通常提纯后的高纯硅，纯度最高可达 **99.999999 %** 以上。高纯硅是一种元素半导体材料，在半导体行业中用途广泛，主要用于制作电子元件、集成电路芯片和太阳能电池等。

玻璃

一类非晶态固体材料。一般透明而质脆，无固定熔点，在被加热时由软化到完全变为液态常有一个相当宽的温度范围。人们正是利用此性质而在它半软不硬时将其制成各种形状的器皿、工艺品等。玻璃在人们的日常生活中随处可见。无论这些玻璃制品的外观有多大差别，它们都是由组成不定的多种硅酸盐混熔而成的混合物（过冷液体）。

玻璃制品

玻璃中最常见的为普通玻璃，即钠玻璃，它通常用砂子、纯碱和石灰石共熔制得。其成分可用近似化学式 $Na_2CaSi_6O_{14}$ 或 $Na_2O \cdot CaO \cdot 6SiO_2$ 表示。由它制成的门窗玻璃及瓶子早已为人们所熟悉。若用碳酸钾部分代替原料中的碳酸钠，即可制成钾玻璃。这种玻璃质地较硬，较耐高温，热胀冷缩性较小，化学性质较稳定。人们在化学实验室中使用的烧杯、烧瓶、试管、滴定管等，多以钾玻璃制造。若用含铅化合物代替玻璃中的钠，可制成铅玻璃。铅玻璃密度高、折射率大，且可阻挡有害放射线，所以适合做光学玻璃及防辐射玻璃屏等。

随着科学的发展，各种有特异功能的玻璃也相继问世。如几厘米厚的隔热玻璃，隔热效果相当于40多厘米厚的砖墙；防弹玻璃不怕震荡，能防枪弹；防火玻璃可以阻燃；变色玻璃可随光线强弱改变颜色；生物玻璃可以代替骨骼移植到人体内；一根头发丝细的光纤玻璃可以同时传递上万路电话。这些新型玻璃在人们的生产生活中起着越来越重要的作用。

温室效应

大气能强烈吸收来自太阳和地面的长波辐射，同时对地面存在大气逆辐射，使地表温度升高，这种现象被称为温室效应。在大气的成分中，二氧化碳、二氧化硫等气体吸收辐射的能力大大强于其他气体，被称为温室气体。人类大量燃烧化石燃料等使得大气中温室气体含量增加，这可能导致全球气候变暖，并对人类生存和社会发展带来不利的影响，甚至是灾难性的后果。

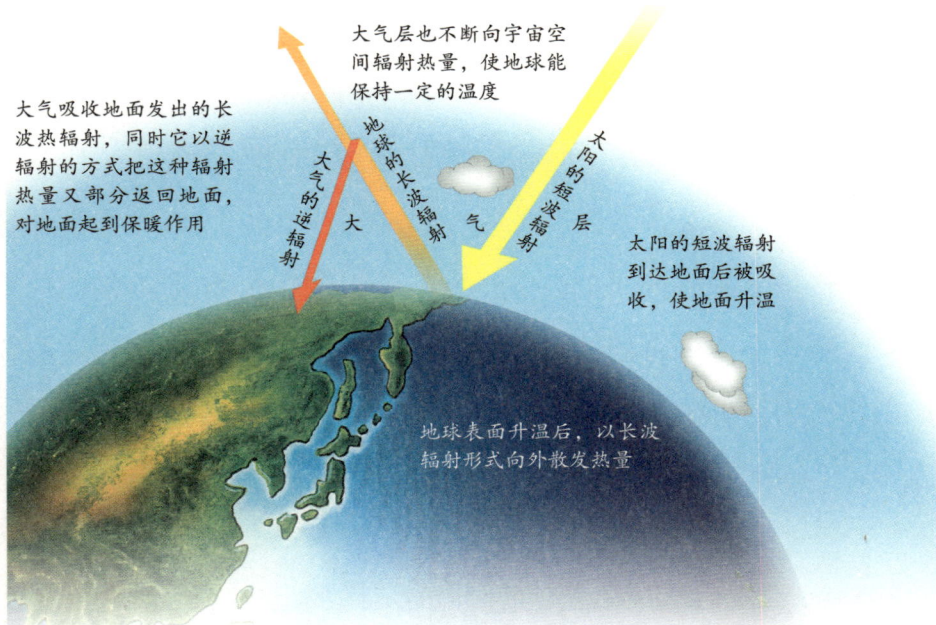

大气层也不断向宇宙空间辐射热量，使地球能保持一定的温度

大气吸收地面发出的长波热辐射，同时它以逆辐射的方式把这种辐射热量又部分返回地面，对地面起到保暖作用

地表的长波辐射

大气的逆辐射

大气层

大气

太阳的短波辐射

太阳的短波辐射到达地面后被吸收，使地面升温

地球表面升温后，以长波辐射形式向外散发热量

大气温室效应原理

温室效应的影响在近几十年中逐渐显现出来。全球平均气温的升高、南极冰川的融化、海平面的抬升等现象已经给人类敲响了警钟。

磷

非金属元素，化学符号为P。1669 年德国炼金术士 H. 布兰德把一种新发现的物质命名为"磷"，在希腊语中"磷"是"发光物"的意思。

自然界中磷以矿物磷酸钙、磷灰石等形式存在，同时在生物的细胞、蛋白质和骨骼中也含有磷。

磷有红磷、白磷、黑磷等同素异形体。今天，磷及其重要化合物越来越受到人们的重视，因为它在很多方面都有极其重要的用途。磷可以用来制造烟火、燃烧弹、磷肥、磷酸、杀虫剂等。磷在人体中参与许多重要的生理活动，如它以三

磷酸腺苷和磷酸肌酸这样的高能化合物形式运送、转移、贮存能量。农作物生长也离不开磷，因此需要给农作物施加磷肥。常用的磷肥有过磷酸钙（普钙）、重过磷酸钙（重钙）等。

磷灰石

金属

具有良好的导电性、导热性、延展性，并有特殊光泽（金属光泽）的物质。常温下金属除汞（液体）以外都是固体。除金、铜等少数具有特殊的颜色外，大多数呈银白色。金属都是不透明的。金属的密度、硬度、熔点等性质的差别很大。大多数金属有延展性，可加工成不同的形状。由于具有导热

性和导电性，金属可用来做炊具或输电线等。

> **金属之最**　地壳中含量最高的金属元素——铝；人体中含量最高的金属元素——钙；导电性、导热性最优秀的金属元素——银；硬度最高的金属元素——铬；熔点最高的金属元素——钨；熔点最低的金属元素——汞；密度最大的金属元素——锇；密度最小的金属元素——锂。

　　金属一般分黑色金属和有色金属两大类。黑色金属通常指铁、锰、铬及它们的合金，其余的均为有色金属。有色金属按其密度、价格、地壳中储量、分布情况等又分成轻金属、重金属、贵金属和稀有金属等。轻金属一般指密度在 5 克 / 厘米^3 以下的有色金属，如铝、钠、钙等。重金属一般指密度在 5 克 / 厘米^3 以上的有色金属，如铜、铅、汞等。贵金属包括金、银等，这类金属在地壳中含量少，开采困难，价格较高。稀有金属通常指在自然界中含量少，分布稀散的元素，如钛等。

常见金属矿石

　　包括：①贵金属矿石，如金矿、银矿、铂矿等。②有色金属矿石，如铜矿石有孔雀石、黄铜矿、斑铜矿、辉铜矿等。③黑色金属矿石，如铁矿石有赤铁矿、磁铁矿和菱铁矿等。④稀有金属矿石，如铌矿等。⑤放射性矿石，如铀矿等。

金属矿石（上）和黄铜矿（下）

　　地球上的金属矿产资源是有限的，而且是不能再生的，而废旧金属是一种固体废弃物，会污染环境。把废旧金属回收后重新制成金属或它们的化合物加以利用，这样既可以减少垃圾量，防止污染环境，又可以缓解资源短缺的矛盾。

金属腐蚀

金属由于受周围介质的作用而产生的损坏。金属发生腐蚀必须有外部介质（即环境）的作用，而且该作用发生在金属与介质的界面上。根据腐蚀的机理，金属腐蚀可分为：①化学腐蚀，指金属表面与非电解质直接发生化学作用而引起的破坏。②电化学腐蚀，指金属表面与离子导电的介质因发生电化学作用而产生的破坏。③物理腐蚀，指金属由于单纯的溶解所引起的破坏。

根据腐蚀的原理，可以采取适当的方法对金属进行保护。例如用耐腐蚀的物质涂在金属表面，使金属与介质完全隔绝以起到防护作用。金属保护的方法还有电化学保护和改变金属成分等。

焰色反应

许多金属及其化合物燃烧时，火焰会呈现特征颜色的现象。节日晚上燃放的五彩缤纷的焰火，就是钾、钠、钙、锶、钡等金属化合物焰色反应所呈现的各种鲜艳色彩。

在温度极高的情况下，金属原子或金属离子中的电子吸收一定能量而被激发，跃迁到外层轨道上运动。当激发的电子重新回到原轨道上时，就会释放出一定的能量，并转化为一定波长的光。由于各种金属盐的电子跃迁能级不同，其发出的光也不同，所以其焰色也会不同。以下是一些常见离子的颜色：

＊钾——紫色

＊钙——砖红色

＊锂——紫红色

* 钡——黄绿色
* 钠——黄色
* 铜——绿色

焰火是某些化合物焰色反应的应用

合金

一种金属与其他金属或非金属熔合而成的稳定的、具有金属性质的物质。生铁和钢都是铁的合金，主要是铁碳合金。钢中再加入锰、铬、镍、硅、钨等元素可制成具有不同性能的合金钢。黄铜（主要含铜和锌）、青铜（主要含铜和锡）都是铜的合金。还有铝合金、镁合金、钛合金等多种合金。由于合金有良好的综合性能，又有适合某些特定要求的特殊性

能，所以用途十分广泛。

锗

金属元素，化学符号 Ge。1886 年德国化学家 C. 温克勒第一次从硫银锗矿中分离出锗，该元素为纪念他的祖国而命名。锗的发现证实了门捷列夫在 1871 年对周期表中锗的存在及性质的预言。

锗单晶生长

锗是银灰色脆性金属。具有金刚石型体心立方点阵结构。莫氏硬度 6 ~ 6.5。锗的电导率随纯度而改变，纯度越高，电导率越低。因此锗单晶是重要的半导体材料。锗的矿物极为稀少，自然界中锗主要是以分

散状态存在于其他矿物中，因此一般从有色金属冶炼时的烟尘、泥渣中提取，也可由发电厂的烟道灰中以及煤炼焦时的焦炭、焦油和氨水中提取。锗及其化合物属低毒性，四氯化锗能刺激皮肤、黏膜和眼睛。

锗主要作为半导体材料，用于制作晶体管和二极管等元件。锗在电子工业中的用途已逐渐被硅所取代，但由于锗的一些特性优于硅，所以适用于超高速转换开关电路。锗还可用于制造红外窗口、红外光学透镜材料等。锗酸铋是闪烁体探测器材料，锗也是制备超导体的材料。

锡

金属元素，化学符号为Sn。约在公元前 2000 年，人类就开始使用锡。青铜器的主要成分就是锡和铜。锡的主要矿石是锡石，但很少见到高品位的锡石。锡容易从矿石中冶炼出来。金属锡柔软，熔点相对较低。锡有白锡、灰锡和脆锡3 种同素异形体。

常温时锡与空气几乎不起反应，性质比较稳定，但能被硝酸氧化成偏锡酸。干燥氯气能把锡氧化成四氯化锡。此外，锡还能同碱发生反应。锡本身无毒，但其有机化合物有剧毒。

锡石

锡最重要的用途是镀覆贮存食品的钢制容器，以保护容器，也用来镀铁和铜以增加抗腐蚀能力或使其更美观。镀锡的铁片称作马口铁。锡的有机化合物和无机化合物均广泛应用于电镀、陶瓷和塑料工业中。锡的合金应用范围也很广，如铅锡合金用作焊料等。

铅

灰白色金属元素，化学符号为 Pb。铅是人类最早使用的金属之一，在公元前 3000 年，人类已能从矿石中冶炼铅。铅主要存在于方铅矿、白铅矿中，各种铀矿和钍矿中也含有铅。

金属铅在空气中受到氧、水蒸气和二氧化碳的作用时，其表面会很快氧化，生成一层保护膜而失去光泽，这层膜可能是碱式碳酸盐。水能使铅的保护膜脱落而继续氧化。铅对无氧、无二氧化碳的纯水是稳定的。铅与浓盐酸、浓硫酸几乎不发生反应，这是因为其表面生成的二氯化铅和硫酸铅极难溶于水。铅能慢慢地溶于稀硝酸而生成硝酸铅。

云南兰坪金顶铅锌矿

因为铅的密度很大，高能辐射几乎不能通过较厚的铅板，故铅板可用来防护 X 射线、γ 射线等辐射。铅、锡和锑的合金可铸铅字，锡和铅的合金可做焊锡。在化学、原子能、建筑、桥梁和船舶工业中，铅常用来制造防酸蚀的管道和各种构件。铅还曾大量用于制造汽油抗爆剂。

铅的蒸气和粉尘能通过呼吸道及食道进入人体引起中毒，使人产生贫血、腹痛、痉挛等病状，眼和肾受损害。铅生产过程中应注意环境保护，加强烟气净化除尘，发现生产人员体内含铅量高时，应及时做排铅治疗。

铜

微红色金属元素，化学符号为 Cu。铜是人类最早发现和使用的元素之一。墓葬考古发现，埃及人早在公元前 5000 年就使用铜器，中国约在公元前 3000 年新石器时代晚期开始使用铜。铜在自然界分布广泛，以 3 种形式存在：自然铜、硫化铜矿和氧化铜矿。

铜质地坚韧，有良好的延展性、导电性和导热性。铜广泛应用于制造电线、电缆和各种电器。铜和铜合金在机械、仪器仪表行业中常用于制造各种零件；在国防工业中用于制造枪弹、炮弹；在化学工业中用于制造各种化工器材。

铜的化学性质不活泼，在干燥空气和水中无反应；在潮湿的空气中，表面可生成碱式碳酸铜（铜绿）；在空气中加热时可与氧气反应生成黑色的氧化铜。铜与盐酸、稀硫酸等不反应，但能与强氧化性的硝酸和浓硫酸反应生成铜盐。

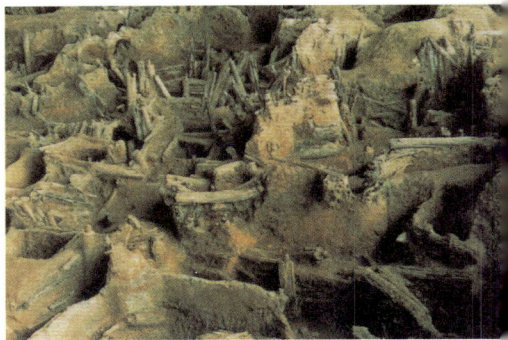

世界罕见的古代铜矿开采区之一——湖北铜绿山矿冶遗址

铜的冶炼方法随铜矿石种类不同而异。氧化铜矿可直接用碳热还原法，也可用湿法冶炼，即用稀硫酸或络合剂浸出，然后进行电解；硫化铜矿的冶炼则较为复杂，步骤繁多。一般的冶炼只能得到粗铜，要制得纯度较高的精铜可以将粗铜进行氧化精炼或电解精炼。

铝

金属元素，化学符号为 Al。铝的化学性质很活泼，不如金、银那样耐腐蚀。它有银样的光泽，表面有细密的氧化层，能起到很好的保护作用，且质地很软、很轻，易于加工。

铝在地壳中的含量约为8%，仅次于氧和硅，是地壳中含量最多的金属元素，几乎占所有金属元素的1/3。它广泛分布于岩石、泥土和动植物体内。铝为银白色轻金属，熔点660℃，沸点高达2467℃，具有良好的延展性、导电性和导热性。铝是活泼金属，常温下在干燥空气中铝的表面立即形成厚度为0.005～0.02微米的致密氧化膜，使铝不会进一步被氧化并能耐水的腐蚀。这层氧化膜可吸着染料而使铝表现为各种颜色。细粉状的铝与空气混合极易燃烧。铝在高温下能将许多金属氧化物还原为相应的金属，这种反应称为铝热反应。铝既能溶于强碱，形成铝酸盐和氢气，也能溶于稀酸，形成相应的铝盐和氢气。铝的纯度越高，与酸的反应越慢。

铝合金 纯铝的导电、导热和耐蚀性能良好，可用做导电、导热材料，但是其强度低，不宜做结构材料。人们将铝与镁、硅、铜、锌、锰等元素制成合金，可以克服纯铝的以上缺点，使性能得到改善。铝合金具有质轻、坚韧、机械性能好的特点。

明矾

化学名硫酸铝钾，化学式 $K_2SO_4 \cdot Al_2(SO_4)_3 \cdot 24H_2O$ 或 $KAl(SO_4)_2 \cdot 12H_2O$，无色透明晶体。又称钾明矾、白矾。熔点92.5℃，密度1.757克/厘米³，溶于水，不溶于乙醇。在正常温度和湿度下是稳定的，在65℃失去9分子结晶水，约200℃完全失去结晶水。在水溶液中，水解生成氢氧化铝胶状沉淀，溶液呈酸性。

明矾具有良好的净水、杀菌功能，是生活中常用的净水剂。但用明矾净化的水会含有铝离子，长期饮用对人体健康产生危害，已不主张使用。在发酵、膨化食品中，明矾与碳酸氢钠使用，可作为发酵粉。然而长期食用含有铝添加剂的食物，会对人体会造成巨大伤害，故从 2014 年 7 月 1 日起，中国对含铝食品添加剂的使用进行规范。明矾具有杀菌、收敛、固脱、利胆及凝固蛋白的作用，可入药。此外，明矾还可用于制备铝盐、污水凝聚剂、印染工业的媒染剂、皮革工业的鞣革剂、橡胶工业的凝结剂、造纸工业的填充剂等。明矾和碳酸氢钠的混合物用于制备干粉灭火剂。

下篇

酸

酸是一大类物质，其水溶液有酸味，能中和碱并生成盐，能与某些金属反应放出氢气，能使石蕊由紫色变成红色。它们在水溶液中能电离并产生氢离子。从广义上讲，酸是指那些能接收电子对的物质。

根据在水中电离能力的大小，酸可以分为强酸（如硝酸 HNO_3）和弱酸（如醋酸 CH_3COOH）；根据酸分子中可电离氢离子的数目，酸又可分为一元酸（如盐酸 HCl）、二元酸（如硫酸 H_2SO_4）、三元酸（如磷酸 H_3PO_4）；根据含氧与否，酸还可分为含氧酸和无氧酸等。

酸一般有腐蚀性，能溶解多种金属。酸的强弱用酸度表示。酸度是指酸溶液中氢离子物质的量浓度的负对数值，以 pH 表示。pH 小于 7 就是酸，pH 越小，酸性越强。pH 可用 pH 试纸或酸度计（pH 计）测出。实验发现，弱酸在水溶液中具有电离平衡的性质，即酸电离后氢离子浓度与带负电荷物质浓度的乘积与酸未电离时物质的量浓度的比值为一常数。多元弱酸是分步电离的。在一定温度下，弱酸的电离度随溶液稀释而加大，直至完全电离。

酸的用途很广，涉及许多

工业及科学实验领域。许多化学反应都只能在一定 pH 下进行，故常用相应的弱酸及其盐类作缓冲剂。盐酸、硫酸、硝酸这三种强酸更是广泛应用于各领域。

硫酸

硫酸为三氧化硫和水的化合物。强无机酸，化学式为 H_2SO_4。硫酸与硝酸、盐酸是人们熟知的三大强酸。纯硫酸为无色油状液体，含杂质时可呈黄棕色，凝固点 10.31℃，沸

点 337℃。常见浓硫酸浓度为 98.3％。到 444℃时硫酸蒸气基本上分解为三氧化硫和水。

硫酸与水可形成多种水合物，溶解水合时会放大量热，所以在稀释浓硫酸时要切记"注酸入水"，即将密度较大的浓硫酸经玻璃棒导液沿器壁缓缓注入水中，并随之搅拌，以使其热量均匀放出。若弄反了顺序，便会因水、酸界面局部过热而使酸液暴沸、飞溅，造成事故。

浓硫酸是强氧化性酸，加

加热炉剖面图

集气容器

加热炉

在中世纪，硫酸是用加热水合硫酸亚铁来制备的，加热后生成三氧化硫及水蒸气，这些气体凝结起来便形成硫酸

热时可将多种金属（包括不活泼金属）和非金属氧化，本身则被还原为二氧化硫、硫、硫化氢等。有趣的是，这种强氧化性的酸却能在常温下用铁、铝等活泼金属的管、桶输送和盛放。这是因为这两种金属器具此时被硫酸氧化生成了一层坚固致密的氧化膜，从而自我"钝化"。

浓硫酸还有极强的吸水和脱水作用，即它不仅可吸收"现成"的水（如潮气、湿存水等），还能从有机物中将氢、氧按原子个数比 2：1 将其强行掠出而使有机物碳化。浓硫酸的强氧化性、强脱水性及强酸性使其具有强腐蚀性。无论对衣物，还是对皮肤腐蚀性都很强，一旦溅在手上应立即用布吸干，并随即用大量水冲洗。

由于可用浓、稀硫酸与相应的盐作用制得多种酸类（如氯化氢、氟化氢、亚硝酸及硫化氢），所以在中世纪时硫酸曾被欧洲炼金术士们称为"众酸之母"。硫酸产量是衡量一个国家化学工业生产能力的标志之一。硫酸大量用于制造化肥、农药、药品、染料、炸药，并用于石油和其他化工产品的生产。

硝酸

强无机酸，化学式为 HNO_3。大多数国家采用氨氧化法制取硝酸。在实验室，可用硝酸钠与浓硫酸在控制加热的条件下制得硝酸。

硝酸是强氧化剂，纯品为无色透明油状液体。硝酸有刺激性气味，易挥发，易溶于水。硝酸易分解，因此应用棕色瓶于冷暗处保存。

硝酸广泛用于制造化肥、炸药、染料、人造纤维、塑料、医药、感光材料及硝酸盐。

盐酸

强无机酸，学名为氢氯酸，是氯化氢气体的水溶液，与氯化氢共用化学式HCl来表示。人类胃液中含有盐酸，它对胃内消化和消毒起着重要的作用。纯净的盐酸为无色液体，工业品浓盐酸则因含+3价铁等杂质而显黄色。盐酸中氯化氢的最高浓度可达43.4%，实验室常用的浓盐酸浓度为38%左右。由于浓盐酸中的氯化氢易挥发，所以在空气中暴露时，会形成白雾，并有强烈刺激性气味，对人的呼吸系统有刺激作用，对环境中多种金属制品有强腐蚀作用。

作为重要化工原料，盐酸可制造金属氯化物、染料、医药及对金属制品进行酸洗去锈等。盐酸还是一种重要的化学试剂。

醋酸

分子式为CH_3COOH，为简便也常用HAc表示。人类最早发现和制造的酸类之一。因其组成中含两个碳原子，所以学名为乙酸。醋酸是人们烹饪时使用的重要调料。醋的酸味来自醋中浓度3%～10%的醋酸。它也是实验中用得最多的有机酸。

纯醋酸是无色有刺激性气味的液体，沸点117.9℃，熔点17℃，纯乙酸在16℃以下时会凝结成冰样的晶体，故有"冰醋酸"之称。醋酸易溶于水（与水混合后总体积会减小）、醇、醚和四氯化碳。醋酸有酸的通性，但属典型弱酸。它能与醇

> **王水**　中世纪欧洲的炼金术士们发现，金子在单独的酸液中很难溶解，而把金子放入盐酸和硝酸混合溶液中，就能溶解了。这种液体可称得上是酸中之王，于是得名"王水"。
>
> 王水是浓硝酸和浓盐酸按含酸的物质的量比3：1混合所得到的溶液。王水具有极强的氧化能力，能将金、铂溶解。
>
> 王水作为溶剂主要用于冶金工业，也用来检验及溶解金、铂等。其性质极不稳定，因此要在使用前配制。

发生酯化反应，分子间脱水则生成乙酸酐。

醋酸的制法分为古老的发酵法和近代的合成法。前者是以糖类物质发酵，经乙醇再氧化成乙酸，主要用来制造食用醋酸；合成法是以乙醛、甲醇或丁烷和丁烯作为原料，经催化氧化大量制造工业用醋酸。古今两种方法互补，很好地满足了人们的需求。

碱

通常指能与酸反应生成盐，有涩味，能使石蕊变蓝，在水溶液中能电离并产生氢氧根离子的物质。从广义上讲，碱是指那些能给出电子对的物质。碱的一般形式是氢氧化物。此外，碱金属的碳酸盐及碳酸氢盐、硫化钠等都是碱。往发酵的面粉里加适量的碱，就能做出好看又好吃的馒头，但碱放多了，馒头就会苦涩难吃。

碱分为强碱和弱碱两大类。强碱包括锂、钠、钾、铷、铯、钫等碱金属的氢氧化物和钙、锶、钡等金属的氢氧化物。这些氢氧化物的溶液和固体能吸收空气中的二氧化碳变成碳

永利制碱公司（20 世纪 20 年代在塘沽兴建的中国第一座纯碱厂）

酸盐，遇过量的二氧化碳产生碳酸氢盐。碱须用塑料容器装存，而不可用玻璃容器，因为玻璃能被碱腐蚀。强碱能吸收空气中的水分，所以盛碱的容器必须密闭。弱碱包括其他氢氧化物。所有难溶的弱碱都能溶于酸，只是溶解时所需的pH不同。氢氧化物受热分解成水和氧化物。铝、锌、铜、镓等的氢氧化物呈两性，既溶于酸，又溶于碱。

人们常用电解食盐水的方法制备氢氧化钠，用碱土金属氧化物与水作用生成该金属的氢氧化物。氢氧化钠溶液与金属盐溶液反应可制备难溶性氢氧化物。氢氧化钠和碳酸钠大量用于玻璃、日化、石油、纺织、造纸、染料、制革、冶金等工业中，其中碳酸钠的用途更广。

盐

由金属离子（包括 NH_4^+）和酸根离子组成的化合物，是一种电解质。盐可分为含氧盐，如硫酸亚铁；无氧盐，如氯化钠；酸式盐，如碳酸氢钠；碱式盐，如碱式氯化镁。酸式盐除电离出酸根阴离子和金属阳离子外，还可电离出氢离子；碱式盐则还可电离出氢氧根离子。

复盐 由两种不同的金属离子和一种酸根离子组成的盐。

常见复盐有硫酸铝钾、氯化镁钾等。复盐也可以看作是由两种或两种以上简单盐类所组成的化合物。例如硫酸铝钾可以看作是由硫酸钾和硫酸铝组成。复盐及其水合物都属于纯净物。

通常所说的盐是指以氯化钠为主的食用盐和工业用盐。氯化钠的化学式为 NaCl。纯净的氯化钠为无色透明立方晶体，熔点 802℃，沸点 1465℃，是食盐的主要成分。氯化钠味咸，易溶，溶解度随温度变化很小。盐在人和动物的生命活动中占有重要地位。这是因为在人或动物的细胞膜两侧，钠、钾、氯离子的浓度有一个固定的比例关系，以保持细胞膜内外两侧的电位差为一固定值，这个电位差维系着生物的生命得以延续。而体内钠和氯离子的浓度是靠人或动物对盐的摄入来调节的。

氯化钠也是重要的化工原料，广泛用于制造盐酸、纯碱、烧碱、金属钠、漂白剂、肥皂及染料、皮革等。食品工业中更需要大量使用食盐。0.9%的氯化钠溶液称"生理盐水"，是哺乳动物及人体的等渗溶液，医疗上常用于补充水分和钠，也用于生理实验。

高温作业的工人要饮用含食盐的饮料以补充体内的盐分，否则会出现乏力、恶心，甚至昏迷的现象。

在广阔的大海中储藏着大量的氯化钠。盐工们借助潮汐的作用将海水"关"在海滩的盐田中，经过风吹日晒，便可得到氯化钠晶体。在中国西部青海等内陆省份，干涸的古盐湖像是一望无际的盐的原野，为人们提供了方方正正的大粒氯化钠晶体。有了这样质量的原盐，只要经溶解、过滤、蒸发、重结晶，就可得到洁白如雪的精盐了。

酸式盐

含有可电离氢离子的盐。命名时用"氢"表示酸式盐，氢的数目用一、二、三表示（"一"可省略），如磷酸氢二钾。酸式盐的溶解度一般大于相应的正盐。

常见的酸式盐有碳酸氢铵、碳酸氢钠等。

碳酸氢铵简称"碳铵"，化学式NH_4HCO_3，纯品为无色晶体。碳酸氢铵易溶于水，水溶液呈弱碱性。碳酸氢铵易分解放出氨气，因此具有强烈氨臭。碳酸氢铵可作灭火剂和化学肥料，也可用作食品膨胀剂和配制冷烫精或电解液的原料。

碳酸氢钠俗称小苏打，化学式 $NaHCO_3$，纯品为白色粉末，在水中的溶解度比碳酸钠略小。碳酸氢钠稳定性较碳酸钠差，可分解生成碳酸钠、水和二氧化碳。碳酸氢钠可用于灭火，在食品工业及日常烹饪中用作焙发粉，也在橡胶等工业中用作发泡剂。

碱式盐

碱中的氢氧根离子部分被中和的产物。它是由金属阳离子、氢氧根离子和酸根阴离子组成的。碱式盐的命名是在正盐的名称前边加"碱式"二字。例如，$Cu_2(OH)_2CO_3$ 称作碱式碳酸铜。

碱式盐溶于强酸，受热易分解。如：

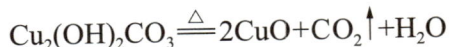

$$Cu_2(OH)_2CO_3 \stackrel{\triangle}{=\!=\!=} 2CuO + CO_2\uparrow + H_2O$$

硫酸钡

化学式 $BaSO_4$。白色晶体，难溶于水和酸。在自然界中以重晶石矿物形式存在。

硫酸钡不容易被 X 射线透过，医疗上常用来作为 X 射线透视肠胃的内服药剂（俗称钡餐），也可做优级白色颜料（钡白），还可用于造纸、颜料、石油、陶瓷、玻璃等工业。

硫酸钠

化学式 Na_2SO_4，无色晶体，味咸而苦。俗称元明粉，又称盐饼。水合物化学式为 $Na_2SO_4 \cdot 10H_2O$，天然十水硫酸钠矿石称为芒硝。

无水硫酸钠可用于制造硫化钠、硫代硫酸钠，也用于玻璃、造纸、陶瓷等工业。芒硝在医学上用作缓泻剂、钡盐解毒剂等。

高锰酸钾

深紫色晶体，有光泽，俗称灰锰氧，化学式为 $KMnO_4$。高锰酸钾受热至240℃时分解，是实验室制取氧气常用的原料之一。

高锰酸钾具有强氧化性，广泛用作化学试剂和消毒剂。近年来还用于空气净化、工业废物处理及水质处理等方面。

工业上制备高锰酸钾较为简便的方法是用铂作阴极电解氧化 K_2MnO_4。高锰酸钾是强氧化剂，须小心储存及处理，随意丢弃有失火风险。

煤

地质时期植物因地壳运动被埋于地下，在漫长的地质时期内，在一定温度和压力下，经过生物化学、地球化学和物理化学变化，逐渐形成的固体可燃矿物。世界上各地质时期中，石炭纪、二叠纪、侏罗纪、白垩纪和第三纪是最重要的成煤时期。

煤又称煤炭，一般呈黑色或褐色，是主要由碳、氢、氧、氮、硫等元素组成的极其复杂的混合物。

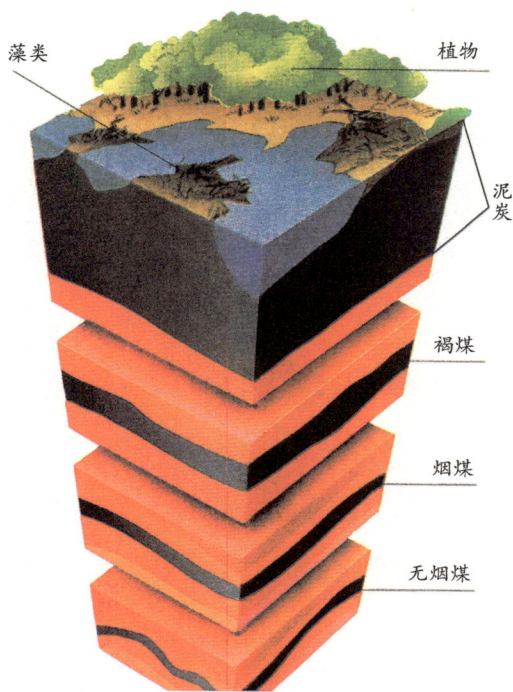

地质时期的植物被埋藏地下后，经煤化作用可形成泥炭、褐煤、烟煤、无烟煤

煤按煤化程度（可理解为成熟程度）的不同一般可分为泥炭、褐煤、烟煤、无烟煤等几个种类，每个种类又因产地、矿层的不同而有很大的区别。

煤的开采主要分为露天开采法和地下开采法。露天开采法适用于煤层埋藏较浅的煤矿；对于埋藏很深的煤层，则采用纵开竖井，再横挖巷道的地下开采法进行。

煤有时又被称作"工业的粮食"，用途非常广泛，除被用作燃料能源之外，还可通过干馏法（即隔绝空气加强热，使煤发生复杂的分解、变化的过程）来制造焦炭、煤气、煤焦油和氨水。煤焦油经蒸馏和其他处理后可以制成苯、甲苯、酚、萘等化学工业原料。苯和萘可以制造染料、杀虫剂和医药等，甲苯可以制造炸药、染料，酚可以制炸药、消毒剂和作为塑料的原料。煤焦油蒸馏得到的重油可以制成汽油和多种燃料油，剩下的沥青还可以制造电极或铺路。氨是制造氮肥和硝酸的原料。

煤浑身是宝，应进行综合利用。

石油

地质时期的动植物遗体在地下高温高压及微生物作用下，经漫长复杂的化学变化而形成的一种黏稠的液体矿藏，也是原油及原油加工产品的统称。凡从油田开采出来还未经加工处理的石油叫原油。

原油一般为黑色、深褐色，但也有绿色，甚至无色的原油，各矿不一，有特殊的气味、不溶于水、密度一般比水小，没有固定的熔点、沸点。

原油的成分很复杂，随产地的不同而有很大差异，一般主要由烷烃、芳香烃、环烷烃所组成，并含有少量硫、氧、氮等元素。石油依所含的主要烃类的不同而分为：以烷烃为主要成分的石蜡基石油，以芳香烃为主要成分的芳香基石油，此外还有不同的混合基石油。

石油多深埋于地下（或海底）且为流体矿物，故一般只用打竖井继而通过采油管开采。

石油钻井平台示意图

石油成分复杂，包含几百种物质，很少直接使用，而必须经过脱水、脱盐处理，再通过复杂的炼制加工后才能应用。

石油的炼制大致包括分馏和催化裂化及重整等过程。炼制后即可得到汽油、煤油、柴油、润滑油、凡士林、石蜡、沥青等，分别供运输业、工业等应用。

石油还是重要的化工原料，经过高温裂解可得到乙烯、丙烯等气态不饱和烃类。以乙烯、丙烯等为原料，可以合成多种重要有机物，进而制成化学纤维、合成橡胶和塑料"三大合成材料"，也可制成农药、化肥、炸药、染料、医药、合成洗涤剂等多种重要产品。

现代生活离不开石油，石油是工业的血液，是重要的能源。

液化石油气

液化石油气是重要的家用燃料，它是在石油炼制时产生的由多种低沸点气体组成的混合物。这些低沸点气体由碳、氢两种元素组成，都能燃烧。

储存时在低温、加压下使这些气体液化，所以叫液化石油气。它的主要成分是：丙烷、丙烯、丁烷、丁烯。

液化气通常装在耐压的钢罐里使用。打开阀门时压强减小，液化气从液态变成气态。它在点火燃烧时生成水和二氧化碳，放出大量的热。

与城市煤气比较，液化气具有较高的热值，同体积的液化气和煤气完全燃烧时，液化气放出的热量是煤气的 20 倍。但液化气具有易爆炸的缺点，空气里只要混入 2% 的液化气，遇明火就会发生爆炸。正因为液化气的热值高，所以爆炸时的破坏性也大。

液化气一旦泄漏，会迅速气化而向外扩散，丙烷、丁烷等都是无色、无味的气体，逸出后难以察觉。所以通常在液化气中加入一些有恶臭气味的硫醚或硫醇，以便容易发现液化气泄漏。万一液化气逸出起火，要用干粉灭火器扑灭。

化肥

用化学和（或）物理方法制成的含有一种或几种农作物生长需要的营养元素的肥料，化学肥料的简称。中国农村主要使用的化肥有尿素、硝铵化肥等。化肥的有效组分在水中的溶解度通常是度量化肥有效性的标准。品位是化肥质量的主要指标，它是指化肥产品中有效营养元素或其氧化物的含量百分率，如 N、P_2O_5、K_2O、CaO、MgO、S，B、Cu、Fe、Mn、Mo、Zn 等。

农家肥虽然含营养成分的种类比较广泛，但是含量比较少，肥效较慢。化肥中的营养元素含量比较高，且化肥大多易溶于水，施入土壤后能很快被作物吸收，肥效快而显著。常见的氮肥有碳铵、尿素和氨水等。如用氨水作追肥，能使黄瘦矮小的秧苗在很短时间内返青。但长期使用会改变土壤酸碱度，应该与农家肥配合使用。

> **碳铵** 又称碳酸氢铵。一种速效氮肥，成品为略带氨味的白色或微灰色晶体。其特性为：易溶于水、施后见效快、呈中性、无副作用。除供给农作物需要的氮素外，兼有二氧化碳的营养作用。

高分子化合物

分子量高达数千以至数百万的化合物，简称高分子。具有高强度、高韧性、高弹性等特点。分类有多种，按来源可分为天然高分子（蛋白质、麻、橡胶等）、天然高分子衍生物（乙酸纤维素等）、合成高分子（ABS树脂、聚对苯二甲酸乙二酯、聚乙烯等）三大类；根据用途则可分为结构高分子和功能高分子；另外根据工业产量和价格，还可分为通用高分子、中间高分子、工程塑料以及特种高分子等。

高分子应用广泛。如结构高分子中的塑料、橡胶和纤维，其中塑料产量最大，主要用于包装材料、结构材料、建筑材料以及交通运输材料；橡胶的主要用途为制造轮胎；纤维的主要用途为衣着用料。功能高分子最显著的特点则在于它具有特殊的光、电、磁、催化性能等。

天然气

从广义上讲，天然气是指埋藏在地层中自然形成的气体的总称。但通常所指的天然气只指贮藏在地层较深部的可燃性气体（气态的化石燃料）以及跟石油共存的气体（常称油田伴生气）。

天然气的主要成分是甲烷。此外，根据不同的地质条件，天然气还含有不同数量的乙烷、丙烷、丁烷、戊烷、己烷等低碳烷烃以及二氧化碳、氮气、氢气、硫化物等非烃类物质。有的气田中还含有氦气。甲烷含量高的天然气叫干气，两个或两个以上碳原子烷烃含量较高的天然气称为湿气。

沼气

植物残体等有机物通过厌氧微生物的生物化学反应而产生的可燃性气体。因多产生于池塘或沼泽的底部而得名。是一种可燃性的气体混合物。人们从20世纪开始人工生产沼气，并作为燃料资源加以利用。

沼气是气体的混合物，其中含甲烷50%～70%，此外还含有二氧化碳、硫化氢、氮气和一氧化碳等。将一些有机物质（如秸秆、杂草、树叶、人畜粪便等废弃物）在一定的温度、湿度和酸度条件下，隔绝空气（如用沼气池），经微生物作用（发酵）就会产生沼气。它含有少量硫化氢，所以略带臭味。

沼气产生的过程包含一系列复杂的生物化学变化，有许多微生物参与。微生物首先把复杂有机物质中的糖类、脂肪、蛋白质降解成简单的低级脂肪酸、醇、醛、二氧化碳、氨、

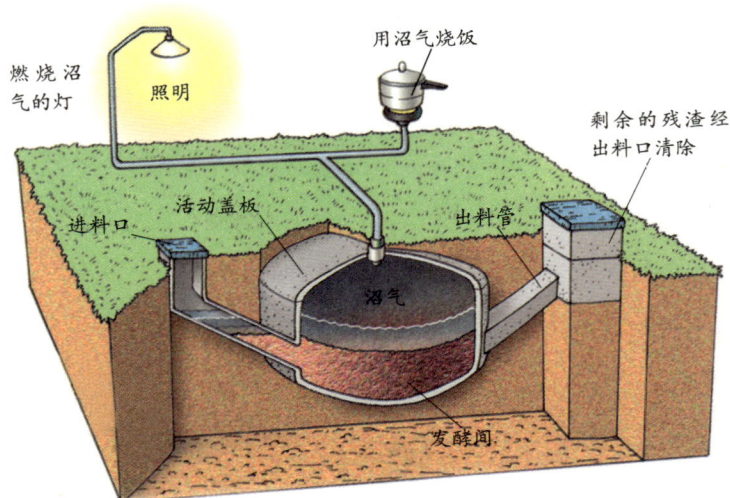

燃烧沼气的灯　照明　用沼气烧饭　剩余的残渣经出料口清除　进料口　活动盖板　出料管　沼气　发酵阀

沼气产生过程及应用

氢气和硫化氢等，再在甲烷菌种的作用下，使这些简单的物质变成甲烷。

甲醛

分子式为 CH_2O。1859 年由 A.M. 布特列洛夫发现。常温下为无色、有刺激性气味的气体，能燃烧，易溶于水，35％～40％的甲醛水溶液称作福尔马林。

甲醛在工业上是重要的有机合成原料，可用于制造酚醛树脂等多种有机化合物；在农业上，甲醛可用作农药和制缓效肥料等；在生物学上，稀释的福尔马林溶液可作消毒剂、防腐剂、杀菌剂，常用于浸种和保存生物标本。

由于甲醛具有较强的黏合性，还具有防虫、防腐的功能，生产人造板使用的胶黏剂是以甲醛为主要原料的脲醛树脂，因此板材中残留的甲醛会逐渐向周围环境释放，是室内空气甲醛污染的主要来源。

甲醛具有较高毒性，对人的眼、鼻、黏膜有刺激性，以及强烈的致癌和促进癌变作用。室内空气中甲醛浓度达到 0.1 毫克／米^3 以上时，人就会感觉有异味和不适；更高浓度时可能引起咽喉不适、恶心呕吐、气喘甚至肺水肿。长期接触低剂量甲醛可引起各种呼吸道疾病，尤其对儿童和孕妇影响更大，可能造成新生儿畸形和白血病。因此，房屋装修时一定要注意避免劣质板材和家具中有害气体的残留问题。

酒精

乙醇的俗称，分子结构简式为 CH_3CH_2OH 或 C_2H_5OH。乙醇为无色透明、具有醇香的可燃液体。乙醇吸水性很强，可与水无限混溶且总体积变小。乙醇熔点 -114.14℃、沸点

78.24℃，是最常见的醇，具有醇类通性。乙醇可在碱性溶液中被氯、溴、碘取代而生成相应的"卤仿"；可与羧酸作用生成酯等；在浓硫酸作用下还可发生脱水：140℃时分子间脱水生成乙醚，160～170℃时则分子内脱水生成乙烯等。

乙醇是最早发现的醇，传统方法用含淀粉等糖类的谷物、薯类、果类物质发酵酿造。

工业酒精在蒸馏至含乙醇95.6%（水4.4%）时即成为"恒沸混合物"，这时单靠蒸馏法已不能使乙醇含量增加，应加入新制取的氧化钙，使其与残余的水发生反应，并进一步蒸馏，可得到含99.5%乙醇产物，即无水酒精。

防腐剂 要防止腐败的发生，必须阻止氧化的发生及微生物和害虫的污染。防腐剂是能抑制微生物生长和繁殖，抑制氧化，防止腐败的化合物。化学上可做防腐剂的物质较多，且随防腐对象的不同而各异。如保存动物标本和器官，可用福尔马林（35%～40%甲醛溶液）或酒精作防腐剂。

无水酒精虽浓度很高，却并不能最有效地杀灭细菌，这是因为它过高的浓度会使细菌表面先被凝固，从而阻止酒精继续渗入细菌体内。欲使酒精能由表及里地有效杀灭细菌，须将无水酒精配成70%～75%的溶液，就是生活中常见的卫生酒精。

无论工业酒精、无水酒精或卫生酒精都含有不同浓度的甲醇，因而都不能用来配制或稀释作饮用酒。

乙醇汽油

一种由粮食及各种植物纤维加工成的燃料乙醇和普通汽油按一定比例混配形成的替代能源。按照中国国家标准，乙醇汽油是用90%的普通汽油与10%的燃料乙醇调和而成。它可以有效改善油品的性能和质量，降低一氧化碳、碳氢化合物等主要污染物排放。它不影响汽车的行驶性能，还能减少有害气体的排放量。同时，车用乙醇汽油在调配过程中加入了适量的防腐剂，因此不会对汽车的零配件产生腐蚀作用。

乙醇汽油作为一种新型清洁燃料，是世界上可再生能源的发展重点。乙醇汽油在缓解石油资源短缺、促进国家经济建设、保护自然环境、解决粮食过剩、调节农业结构等多方面具有重大的战略意义。

有机合成材料

通过工业合成反应制得的有机材料。它的出现是材料发展史上的一次重大突破。

人类早期使用的是木材、棉花、羊毛等天然材料，以及通过冶炼和煅烧技术得到的各种无机非金属材料和金属材料。有机合成材料的出现使人类摆脱了只能依靠天然材料的历史，在改造大自然的进程中又大大

前进了一步。

有机合成材料是人类赖以生存和发展的物质基础。有人将能源、信息和材料并列为新科技革命的三大支柱，而材料又是能源和信息技术发展的物质基础。

有机合成材料的品种很多，除了包括传统的塑料、合成纤维、合成橡胶三大合成材料以外，又出现了黏合剂、涂料、高分子膜以及各种具有特殊功用的功能高分子材料，特别是为适应某些特殊领域的需要而发展起来的功能高分子材料的出现，大大扩展了合成材料的应用范围。

塑料

用合成树脂或天然树脂为基础原料，在一定温度和压力下加工塑制成型或交联固化成型的合成材料。塑料具有韧性和刚性，但不具备橡胶的高弹

性，主要优点是密度小，电绝缘性能好，摩擦系数小，可消音减震，耐化学腐蚀，容易加工等。

塑料在进行加工塑制前，要在原料内加入多种辅助剂、增塑剂、填料，以改善外观及性能。塑料主要分为热塑性塑料和热固性塑料两大类。成型后再加热仍可软熔、能重新塑制的塑料称为热塑性塑料，如聚乙烯、聚丙烯、聚氯乙烯、ABS 树脂、有机玻璃。成型后不能再热熔重塑的塑料称为热固性塑料，如酚醛树脂（俗称电木）、环氧树脂、聚氨酯。塑料被广泛用于生产生活的许多方面，同时，废弃的塑料制品也造成环境的"白色污染"。

聚氯乙烯塑料

1835 年法国人 V. 勒尼奥发现，用日光照射氯乙烯时生成一种白色固体——聚氯乙烯。

聚氯乙烯是氯乙烯的聚合物，英文简称 PVC，产量仅次于聚乙烯。

> **聚乙烯**　乙烯的聚合物，英文简称 PE。聚乙烯塑料无毒，容易着色，化学稳定性好，耐寒，耐辐射，电绝缘性好。它适合做食品和药物的包装材料，制作食具、医疗器械，还可做电子工业的绝缘材料等。

聚氯乙烯塑料的化学稳定性好，耐潮湿、耐老化、耐腐蚀、难燃。分软质塑料和硬质塑料。软质的主要制成薄膜，作包装材料、防雨用品、农用育秧膜等，还能做电缆、电线的绝缘层及人造革制品。硬质的用于制作水管、输油管、塑料地板等。但聚氯乙烯热稳定性差，光照或高温下易分解。

全塑汽车（陈林摄）

导电塑料

2000 年 10 月 10 日，瑞典皇家科学院宣布当年度的诺贝尔化学奖由美国科学家 A. 黑格、A.G. 麦克迪尔德和日本科学家白川英树分享，用于表彰他们在 20 世纪 70 年代对导电聚合物的发现和研究。

塑料等高分子聚合物通常不能导电，被用作电绝缘材料，但三位科学家发现，含有特殊结构或掺杂后的聚合物也能导电，导电塑料就此诞生了。导电塑料的应用很广，如在计算机等行业中，需要大量质轻、易加工、能导电的塑料，用于保护与屏蔽电磁波的辐射。

工程塑料

一类高性能的高分子材料，能承受一定的外力作用，具有密度小，电绝缘性优良，抗冲击、抗疲劳，机械性能及尺寸稳定性好等优点。其中有些在高、低温下仍能保持其优良性能。ABS 树脂、尼龙等是应用较多的工程塑料，广泛用于电子、电气、建筑、汽车、机械、航空、航天等领域。

塑料芯片

传统的半导体芯片大多数都是由硅制成的。塑料芯片的制造成本比硅芯片低上百倍，一旦这项研究工作获得广泛成功并大量投入市场，人们将会看到更多、更方便的一次性芯片或个性化芯片应用于生活。目前常见的塑料芯片应用包括 LED、OLED、OTFT 等显示技术，与 RFID 塑料无线射频芯片等。

有机玻璃

由甲基丙烯酸甲酯聚合而制得的热塑性树脂，是最优秀的有机透明材料。正式名称是聚甲基丙烯甲酯。其透光率大于 92%，这种优良的光学性能，可与光学玻璃媲美，即使在强光下曝晒多年，透明度和色泽变化仍很小。与普通玻璃相比，有机玻璃有较强的韧性，不易破碎。它的主要缺点是表面不耐磨。1927年德国罗相—哈斯公司制得性能很好的有机玻璃板。1931年，有机玻璃正式投产。中国从20世纪50年代中期开始生产。

有机玻璃主要用于制造光学仪器、医疗器械、透明模型、标本、假牙、装饰品、广告牌、汽车上的透明窗玻璃等。

> **隐形眼镜** 将有机玻璃或其他柔软透明材料制成很小的镜片，直接贴附在人的角膜表面，能起到矫正视力的作用。隐形眼镜不能连续长期佩戴，必须经常消毒，保持干净。角膜疾病及某些眼病患者不适宜使用隐形眼镜。

玻璃钢

玻璃纤维增强塑料，由合成树脂和玻璃纤维经复合工艺制成。它既不是玻璃，也不是钢，是一种新型功能材料。1942年美国用不饱和聚酯制成玻璃钢。

玻璃钢因为具有与钢材媲美的机械强度而得名。同时它具有比重小、绝缘性能好、耐腐蚀性好的优点，因此在模具、建材等领域应用相当广泛。另外，生活中常见的汽车、抽油烟机等物品的外壳大部分都是玻璃钢材料。

塑钢

以聚氯乙烯树脂为主要原料，加上一定比例的稳定剂、着色剂、填充剂、紫外线吸收剂等，经挤出形成的型材。20世纪50年代末出现于德国，中国20世纪90年代末开始普及应用。塑钢制品具有阻燃、高强度、抗衰老等特性，用于制作门窗，可以得到很好的隔热和隔音性能。

天然橡胶

由天然产胶植物分泌的乳

汁经凝固、加工而制得的橡胶。主要成分为聚异戊二烯，其含量在90％以上。此外还含有少量的蛋白质、脂、酸、糖分及灰分。世界上主要的天然橡胶产地为泰国、印度尼西亚、马来西亚和印度，中国的天然橡胶主要产于海南和云南。

采集橡胶

天然橡胶具有很强的弹性和良好的绝缘性、可塑性，隔水隔气、抗拉耐磨。从交通运输上用的轮胎，到日常生活中所用的胶鞋、雨衣、暖水袋等都是以橡胶为主要原料制造的。国防上使用的飞机、大炮、坦克，甚至尖端科技领域里的火箭、人造卫星、宇宙飞船、航天飞机等都需要大量的橡胶零部件。

功能高分子材料

某些具有特殊功能的高分子材料。它们正在将我们的生活变得更方便。例如，用聚乙烯、有机硅橡胶等材料能制成人造器官用于手术；用聚乙烯醇、聚丙烯酸盐等合成高吸水性材料，能制成尿不湿。

合成橡胶 以石油产品为原料，通过化学合成方法制得的橡胶。包括丁苯橡胶和顺丁橡胶。丁苯橡胶的英文缩写是SBR。它的综合性能好，价格低，但其黏合性、弹性和变形发热量均不如天然橡胶。顺丁橡胶的英文缩写为CBR。它是由一种称为顺丁二烯的有机物经特殊催化剂作用而聚合生成的。

化学纤维

以天然高分子和人工合成聚合物为原料，制成纺丝原液，经纺丝和后处理得到的纤维。化学纤维具有耐磨、弹性好、密度小、不发霉、易洗、快干等优点，但也有静电大、吸水性差、染色性差等缺点。

棉花、羊毛、蚕丝、麻等纤维都是自然界中天然的纤维材料。它们通称为天然纤维。棉布、丝绸、毛料、麻布都是天然纤维织成的。人们在市场上还可以买到"的确良"、人造棉布、腈纶等纺织品，这些都是用化学纤维织成的。

维纶纤维及其制成的玩具狗

化学纤维分为人造纤维和合成纤维两类。人造纤维以天然高分子材料（如木材、棉短绒等天然纤维，大豆、玉米蛋白纤维）为原料经过化学加工制成。这类纤维有黏胶纤维（可生产人造棉、人造毛等纺织品）、醋酯纤维（用于生产人造丝等）、铜铵纤维（适于制成针织内衣

和薄型织物）等。人造纤维的原料仍然受动植物资源的限制，性能也还不能满足人们的需求。

现在人们越来越多地以一些简单的、比较容易得到的物质，如空气、煤、石油、天然气为原料，通过聚合反应得到合成聚合物，再以此为原料制成合成纤维。合成纤维品种繁多。按结构分为碳链合成纤维，如乙纶、丙纶、氯纶、腈纶、维尼纶；杂链合成纤维，如锦纶、涤纶、氨纶。按应用功能可分为耐高温纤维、耐腐蚀纤维、高强度纤维、耐辐射纤维、阻燃纤维、高分子光导纤维等。

维尼纶在中国又称为维纶。它具有柔软、保暖等特性，吸水率高，因此又称为合成棉花，但耐热性差，工业上用于制作运输带、滤布、防水布、帆布、工作服、渔网、缆绳等。

20 世纪六七十年代市场上销售的"的确良"是另一种合

成纤维——涤纶与棉的混纺制品。涤纶的耐磨性好，抗冲强度大，还具有弹性好、耐日晒、耐腐蚀、不怕虫蛀等优良性能。但加工时易产生静电，染色和吸湿性差，生产时需采用高温、高压，设备复杂，成本高。涤纶可与棉花、蚕丝、麻、腈纶、羊毛混纺，生产出市场上销售的涤棉、涤丝、涤麻、涤腈、毛涤等混纺织品。涤纶大量用于服装、室内装饰。涤纶强力纤维主要用于制造传动带、滤布、绳索、毛毯、渔网、电绝缘材料、人造血管、降落伞及军用物品。

染料

一类能使纤维和其他材料着色的物质。染料之所以可以使纤维等材料着色，是因为染料的分子中有"发色团"和"助色团"两种原子团。发色团使物质产生颜色，助色团使颜色加深。人们懂得了染料的奥秘后合成出比天然染料颜色更多、更鲜艳，性能更优越的染料。染料以有机物为主，分为天然和合成两大类。天然染料大都是植物性染料，如从植物中提取的茜素、靛蓝等。合成染料种类也很多，色泽鲜艳，能大批量生产。目前生产生活中主要使用合成染料。

西汉帛画
湖南长沙马王堆1号墓出土，画中富丽、典雅的色彩表明，两千多年前中国人对颜色的认识及应用已达到了很高的水平

染料的用途广泛，可以用于纤维、木材、纸张、皮革、玻璃纸等的着色，其中使用最多的是纺织物的印染。

纺织物印染要求色泽鲜艳、染色坚牢、应用方便和价格低廉。不同纤维须选用各自最合适的染料染色，如棉麻使用直接染料、碱性染料、硫化染料、活性染料等，毛使用媒染染料、酸性染料、还原染料等，丝使用碱性或酸性染料、直接染料、阳离子染料等，皮革使用碱性或酸性染料、媒染染料等，其他纤维也使用分散染料、阳离子染料等。

染料不仅可以给纺织品着色，而且还能给感光材料、生物材料、半导体材料等多种物质染色。这些都需要专门的染料，现在工农业和科学研究中广泛应用的有液晶染料、激光染料、感光染料、半导体染料及医用染料等。

颜料

一种不溶于水或油的白色或有色的粉状物质。颜料与染料的区别在于颜料不能溶于介质中而仅仅使物品表面着色，染料则能溶于介质，可以使被染物品全部着色。颜料分天然的和合成的两种。天然的多为矿物性的，如石绿、朱砂等。过去人们多用天然颜料，但天然颜料种类少，颜色不够丰富。于是人们用工业方法制造出合成颜料。人工合成的颜料包括无机颜料，如铅白、红丹；有机颜料，如偶氮颜料、色淀、酞菁颜料。

目前人们使用的主要是有机颜料。这种颜料色谱齐全，色泽鲜亮，着色力高，适应范围宽，但成本较高。有机颜料的合成与染料的合成完全相同，但产品的加工后处理则不同。为了让用户使用方便，有机颜料具有各种商品形式，最常见的是粉状或浆状，也有将颜料和助剂预先分散在特殊的黏合剂中，成为专用的粉状、浆状或粒状颜料。

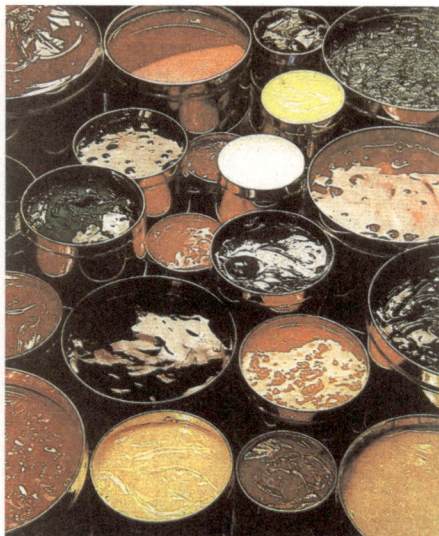

各色颜料

有机颜料主要用于油墨、涂料、塑料、橡胶等4个方面，以油墨用量最大。颜料除要求色泽鲜艳、经久不褪色外，在各种应用条件下，还有不同的性能要求。例如：用于油墨时，要求具有着色力强、遮盖力强、吸油性好、耐晒、耐酸碱、耐水洗、耐热、分散稳定性高等性能。用于塑料时，要求具有

分散稳定性高、着色力强、耐溶剂、耐迁移、耐热、耐酸碱药剂等性能。用于橡胶时，要求具有分散稳定性高、着色力强、耐溶剂、耐硫化、耐迁移、无毒等性能。

涂料

涂料是涂饰于物体表面，并能结成坚固保护膜的一类物料，大多数为黏稠的液体。早期的涂料因以植物油为主体制成，故又称油漆。人们熟悉的涂料用于物体表面后，不仅美观而且能起到保护作用，使物体经久耐用。现代涂料的品种已超出这一范围，主要由天然或合成的高聚物材料制得，统称为高聚物涂料。

涂料有3种主要功能：保护物体，使物体表面免受大气、土壤、化学物质的腐蚀，减轻物体表面直接受到的摩擦，从而延长物体使用寿命；使物体

表面洁净并大大地增强物体的美感；调节和改进各种器材表面的电气、光学和化学性能，起到阻燃、耐热、导电、高温绝缘、防辐射、伪装等作用。

现有的涂料型号、品种繁多，依主要成膜物质不同，可分为十几大类，主要有：油脂漆类、天然树脂漆类、酚醛树脂漆类、沥青漆类、氨基树脂漆类、硝基树脂漆类等。为了防止涂料组分中有机溶剂在施工时挥发而污染环境，人们又研制了许多低污染涂料，其特点是溶剂含量大大降低，减少公害，降低能耗，简化施工工艺，缩短工时，便于提高劳动效率。涂料可涂在各种金属、木材、混凝土、皮革、塑料、橡胶、纤维、纸张等表面，广泛应用于建筑、航空、船舶、机电、金属制造等方面。为便于施工，涂料常制成底漆、二道漆、面漆和清漆等不同类型，

配套使用。

香料

能被嗅出气体或味觉品出香味的有机物，是调制香精的原料。

香水 一种用天然香料和人造香料调配成的具有某种香型的水剂。香水的名称源于拉丁语中的"薰"，是燃烧有香味的树木的意思。化学工业发展起来，丰富了香水的品种。香水按照酒精和香料成分的混合率，以及赋香率的不同，可分为古龙水、花露水、香水、香精等种类；以香味区分，又可分为花香调、东方调、苔藓调、草原调等。

香料分为天然香料和合成香料两大类。天然香料大部分是从植物中提取的，也包括麝香、灵猫香、海狸香等动物来源的香料。从动、植物中提取香料的办法有多种。如从薄荷茎叶、檀香木中提取香料是加水直接蒸馏，得到的物质经过

油水分离就成为很纯的香精油；从柠檬、柑橘皮中提取香料用机械压榨法；从玫瑰、茉莉、桂花中提取香料则要加石油醚浸泡，把香气溶进溶剂，再进行蒸发，就可得到香气浓郁的凝膏了。

香料的用途十分广泛，它不仅可以用于化妆品、食品、烟草、医药等方面，在某些皮革、塑料、橡胶、涂料、油墨中加些香精，就可以遮盖掉它们原来难闻的气味。香料还是工业上重要的溶剂，如称作香蕉水的溶剂，在喷漆中应用广泛。

食品添加剂

为改善食品品质和色、香、味，以及为防腐和加工工艺的需要而加入食品中的物质。食品添加剂通常不作为食品消费，不是食品的典型成分，也不包括污染物或者为提高食品营养价值而加入食品中的物质。

食品添加剂种类很多，包括防腐剂、抗氧化剂、发色剂、着色剂、漂白剂、酸味剂、甜味剂、疏松剂、增稠剂、凝固剂、品质改良剂等。例如，使食品变得五颜六色的色素过去是用天然色素胭脂红、胡萝卜素、苋菜红等。由于天然色素数量少又不耐高温，不耐酸碱，怕氧化，现在食品中多用人工色素。人工色素是从又臭又黑的煤焦油中提炼出来的，这种色素既不能被人消化，也没有营养，但只要食品中含量不超过万分之一，对人体一般无影响。加在食品中的香料大多数是一些酯类化合物：乙酸异戊酯具有梨香味，丁酸乙酯具有菠萝味，丁酸戊酯具有香蕉味，苯甲醛具有杏仁味等。

应当强调，有些食品添加剂对人体并不是一点害处没有，所以对那些"浓妆艳抹"、香气袭人的食品最好还是减少食用。

添加了乳化剂、胶凝剂、食用色素、表面装饰剂等的小食品

脱氧剂

一类具有还原性的化学试剂。它利用自身与氧的反应，来除去其他物质中的氧，或者保护其他物质不被氧化。又称抗氧化剂。

脱氧剂主要用于冶金工业和食品包装工业。脱氧是炼钢流程中的重要一步，常用的脱氧剂有硅铁、锰铁等，其中的硅、锰等元素能与氧结合，其氧化物能从钢水中分离，起到降低铁水中氧含量和调节合金成

分的作用；在食品包装工业中，脱氧剂被放置在食品包装中，与包装容器内的氧反应，把它消耗殆尽，使得容器内的食品不受到氧气影响而变质。

干燥剂

一种具有吸水吸湿性的物质，可用于工业品的防潮。常见干燥剂有精选生石灰、硅胶、蒙脱石、活性炭等。现在，很多食品、服饰、药品和精密仪器的包装内都配装有一包干燥剂，它的作用是防止物品受潮。

干燥剂使用时应该根据被干燥物的特性选用合适的种类，在储存时，干燥剂应该置于通风干燥处，否则极易吸湿而失效。

洗涤剂

主要成分是能够除去油垢的化合物，包括天然和合成两类，按用途又可分为家用和工

业用两类。家用洗涤剂有粉状的，用于洗涤衣物，俗称洗衣粉；有液体的，用于洗涤衣服、厨房用具、蔬果和洗浴等，称洗衣液、清洗剂、洗涤灵、浴液；还有块状的肥皂和膏状的洗发膏等。

天然洗涤剂在工业社会中主要指动、植物油和碱制成的肥皂。肥皂在软水中有很好的去污能力，但在硬水中洗涤效果很差，在酸性溶液中就完全失去洗涤能力。肥皂的上述缺点，再加上作为原料的动、植物油脂资源有限，这些因素促成了合成洗涤剂的发展。

合成洗涤剂是表面活性剂中的一个大类，按照它们在水中离解的性质可分为负离子、正离子、两性和非离子等4种类型。

肥皂

脂肪酸金属盐的总称。主要是钠盐和钾盐，是一种表面活性剂。肥皂之所以有洗涤作用，是因为肥皂可分为能溶于水的亲水基和不溶于水的疏水基（又叫亲油基）两部分。在肥皂水中肥皂分子以球形存在，其疏水基向内以分子间作用力相结合；亲水基向外，分布在

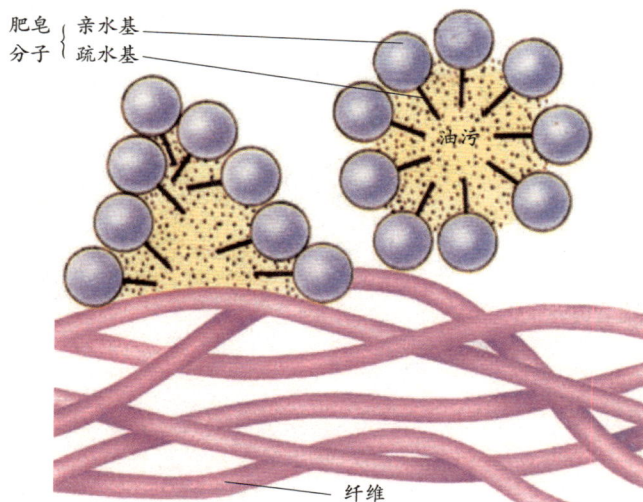

肥皂去除油污的原理示意图

胶囊球体表面。胶囊分散在水中遇到不溶于水的油污后，可将油分散为细小的油珠，硬脂酸钠的疏水基插入油中，而亲水基留在油珠表面，使油珠可以悬浮在水中而起到去污作用。如果洗涤用水是含有钙、镁离子的硬水，肥皂便会与钙、镁离子形成不溶于水的物质，因此会降低去污能力。

厨房油污清洗剂

由多种功能超强的表面活性剂和其他助剂经化学方法复合混配而成，其去污原理主要是：由一个有许多碳原子和氢原子所组成的长键，其一端称为亲油端，另一端称为亲水端；亲油端包住油污，亲水端将之牵引入水中，从而达到将油污分离的洗净效果。厨房油污清洗剂可彻底清除煤气灶、抽油烟机、瓷砖等表面的油污。

防冻剂

一些能溶于水并使水的冰点大大降低的化学药品。常见的汽车防冻剂有乙二醇单甲醚、酒精和甘油等。乙二醇单甲醚俗名甘醇，是一种带甜味的黏稠液体，易溶于水。水中含60％体积乙二醇单甲醚时，冰点接近 -40℃，这个温度是中国北方少见的低温，因此汽车水箱里加防冻剂就不用担心冷却水结冰了。

放射性元素

1895 年年底德国科学家 W.K.伦琴发现 X 射线（又称伦琴射线），1896 年法国科学家 H. 贝可勒尔研究发现含铀物质能发出一种穿透力很强的不可见射线。后来人们研究出这种不可见射线由 3 部分组成：一种是高速运动的氦原子核束，它的穿透能力小，但电离能力最强，起名为 α 射线；第二种是高速运动的电子束，它的穿透能力中等，电离能力也是中等，起名为 β 射线；第三种是穿透能力最强，但电离能力最弱的波长极短的电磁波，起名为 γ 射线。这种能自发地放出 α、β、γ 等射线的元素就是放射性元素。

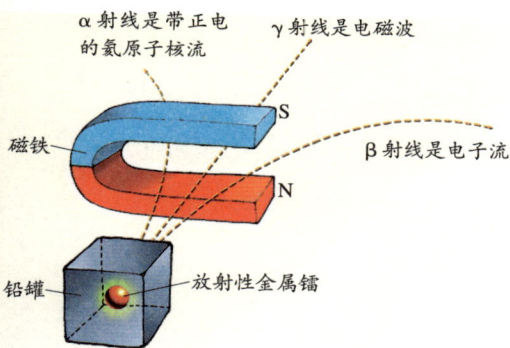

放射性元素镭

放射性元素分为天然放射性元素和人工放射性元素两类。天然放射性元素是指天然存在的放射性元素，它们大多属于由重元素组成的 3 个放射系：

钍系、铀系和锕系，包括钋、氡、镭、铀和镭等元素。人工放射性元素是指由人工核反应制成的放射性元素。1934 年，法国科学家约里奥—居里夫妇用 α 射线轰击铝，实验结果由铝-27 产生磷-30，再通过磷-30放出正电子衰变到硅-30，发现人工放射性元素。目前所知的 2000 多种核素中绝大多数都是人工放射性核素。它们包括发现较早的锝、钷、钫等元素和晚些时候发现的 108 号元素镙、109 号元素鿏。

人们对众多的放射性核素进行对比研究后发现，有些放射性不同的元素，其化学性质完全一样。英国化学家 F. 索迪根据对天然放射系各种放射性元素的研究，于 1910 年最先提

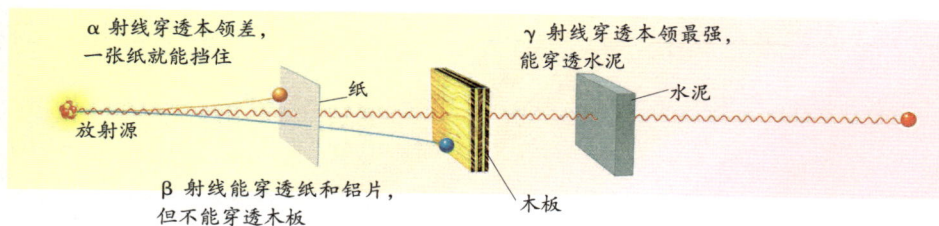

α、β、γ 射线穿透能力

出放射性同位素的概念。

月季辐射育种使其发生白色突变

马铃薯辐照保鲜抑制发芽

放射性元素有广泛的用途。镭针可以治疗癌症，镭盐粉末和硫化锌粉末混合后可作仪表指针的永久性荧光指示剂。钚-238 制作的长寿命电池可在宇航、航标灯以及心脏起搏器等人工器官中做电源。锎-252、镅-241 都是理想的中子源，广泛用于中子衍射、中子照相、活化分析等领域。镅-241 放出的 γ 射线可激发元素周期表中从钙到钡各种元素的 X 射线荧光，用以测定恒量元素等。

总之，放射性元素和放射性同位素在核燃料、军事、工业、农业、医学等领域都有广泛的应用。

核燃料

含有易裂变核素或可聚变核素，在反应堆中可以发生自持的核反应，并连续释放能量的材料。核燃料提供的能量远比化学燃料提供的能量大。1千克铀-235 完全裂变的热量约

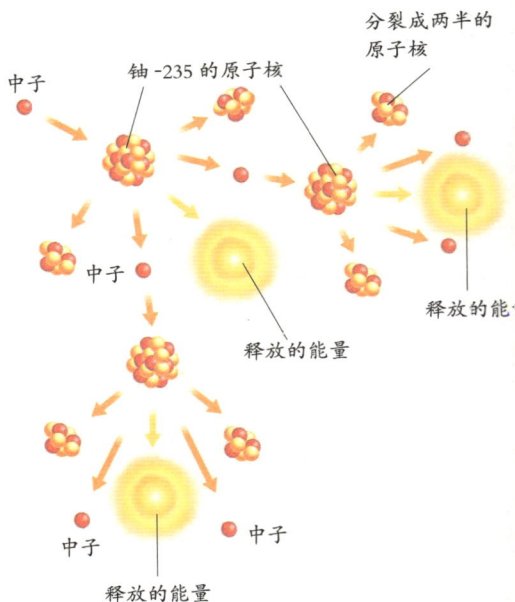

核裂变反应原理

在极短的时间内，许许多多的原子核相继分裂，形成链式反应

为 2.2×10^7 千瓦·时，相当于 2500 吨煤完全燃烧所释放的能量。1 千克氘聚变所释放的能量比 1 千克铀 -235 约大 3 倍。核燃料蕴藏有如此巨大的能量，所以自 20 世纪 40 年代以来，越来越受到人们的重视。

"水中花园"实验

"水中花园"的"栽培"方法如下：取 1 个大烧杯或小型鱼缸，在底部铺上厚度为 5 毫米左右经水洗过的砂子，并倒入稀释为 2% 的水玻璃溶液（化工商店有售），深度 10 厘米左右。取硫酸铜晶体、硫酸亚铁晶体、醋酸铅晶体、氯化锰晶体、氯化钴晶体、氯化铁晶体、硫酸镍晶体豆粒大小各一粒，分别分散地投入水玻璃溶液中，静置二三分钟后，这些晶体就开始长出约 5 毫米长的各色芽状物，随着时间推移又会长出很多丝状分支。不同的盐晶体会长成不同颜色、不同形状的芽枝。硫酸铜晶体的芽枝是蓝白色树状，氯化钴晶体的是紫色丝状物，氯化铁晶体的是橙色较粗树状物，等等，整个水下成为绚丽多彩的"植物园"。1 天以后，用虹吸法抽出水玻璃溶液，换上清水，这些"花草树木"并不溶解，它们在清水中显得更加美丽。

美丽的"水中花园"

制作原理是这样的：水玻璃的成分为硅酸钠，盐晶体表面被硅酸盐溶液溶解形成泡状半透膜，由于溶液内压力不同使泡膜破裂，使得盐晶体表面又暴露在水玻璃中，再次被硅酸盐溶解成泡。如此往复，盐晶体便不断"长"出芽枝。晶体的芽状物生长情况与水玻璃浓度有关，若水玻璃溶液稍稀些，晶体芽状物生长速度虽慢，但分支会牢固粗壮。

"火山爆发"实验

"火山爆发"的制造步骤是：在1块大木板上面放1个三脚架，加上石棉网，网上放1个锥形瓶。在木板上用黏土泥巴做1个半边的假山头，将锥形瓶挡住。实验时，在锥形瓶底铺满化学试剂重铬酸铵，点燃酒精灯，给锥形瓶加热。重铬酸铵受热后迅速进行反应，放出大量热，生成的三氧化二铬粉末伴随着产生的大量气体冲出锥形瓶口，同时发出"呼呼"的声音。如果此时熄灭室内灯光，黑暗中喷出的浅绿色三氧化二铬粉末因受热而发红，犹如真的火山爆发一般。

这是一个重铬酸铵受热

分解的反应。化学反应方程式如下：

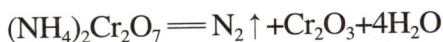

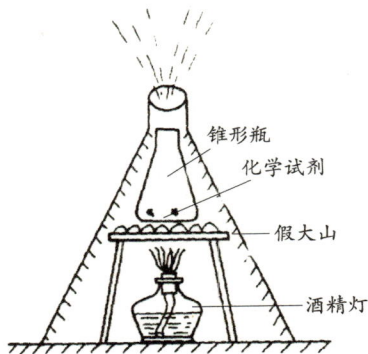

$$(NH_4)_2Cr_2O_7 = N_2\uparrow + Cr_2O_3 + 4H_2O$$

"火山爆发"实验装置图

蜡烛

许多人都有使用蜡烛的经验，却往往说不清蜡烛是由什么组成的。其实蜡烛是以石蜡为原料制成的，其主要成分是含氢元素和碳元素的固体石蜡烃的混合物。这可用以下的小实验证明：

取一个干燥的小烧杯，将其扣在燃烧着的蜡烛火焰上方，稍过一会儿，你会发现在原来干燥的小烧杯内壁上，出现了星星点点的小水珠。再换一个小烧杯，在其内壁涂上些澄清的石灰水，即饱和的氢氧化钙溶液。把这个小烧杯同样扣在燃烧着的蜡烛火焰上方，少顷你会观察到，原来涂在烧杯内壁上的澄清石灰水变浑浊了，出现了白色的斑迹。蜡烛燃烧过程中产生了水分，同时也产生了能使澄清石灰水变浑、生成白色沉淀物的气体——二氧化碳。蜡烛燃烧后生成物中出现了碳、氢、氧3种成分。氧是空气中具有的，蜡烛的燃烧即在空气中的强烈氧化；剩下的成分则来自蜡烛本身。上述简单的实验可以证明：组成蜡烛的主要元素成分是氢和碳。

工艺蜡烛

简易净水器

含有钙盐、镁盐的天然水是硬水。除去水中的钙、镁离子就可以得到软水，也即人们常说的净水。而要除去这两种离子，最简单易行的方法是采用离子交换法，即让水通过阳离子交换树脂，去掉钙、镁离子。这种阳离子交换树脂可在化工商店买到，买回的新树脂要用蒸馏水浸泡24小时，再用开水漂洗后使用。经长时间使用过的阳离子交换树脂可经过"再生"处理后继续使用。"再生"的方法是：用2摩尔/升的盐酸溶液处理，再加10％氢氧化钠溶液处理即可。

知道了净水方法后可以自己动手制作一个简易净水器。取1个大塑料瓶，将底部剪去一截，配上1个插上乳胶管的盖子作为普通自来水入口。将瓶倒置，在原瓶口上加1个单孔胶塞，孔上装1个带阀门的活塞。打开盖子，在下方放些高压消毒脱脂棉，再加上1个微孔瓷制隔板（化学仪器商店有售），板上加阳离子交换树脂，阳离子交换树脂的体积约为瓶体积的3/4。普通自来水由上边水管放入后，经过阳离子交换树脂等过滤层，由下口放出，就成为软水。假如对净水有特殊要求，可在树脂层上再加1个微孔瓷制隔板，在板上另加能起一定作用的物质来达到目的。如水中有悬浮杂质时，可加些漂洗消毒处理过的细河砂，以滤去悬浮颗粒杂质；如欲除去原水中带有的颜色，可加一层活性炭。假如所需净水的量较大，一般的塑料瓶就不能胜任了，必须换用较大的容器，但制作形式、原理不变。容器内放置的各种净化物质应该用微孔瓷隔板逐层分隔好、夹牢，以免加水时冲混；同时处理、更换净化物时也便于逐

层取出。为了净化效果更好，还可以用同样方法制作2～3个净化筒，串联起来使用。

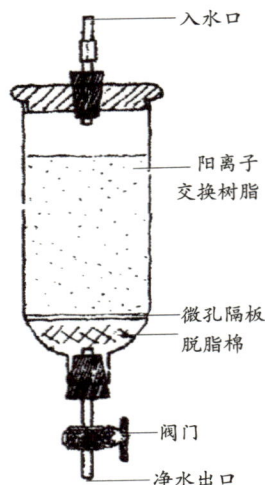

入水口

阳离子
交换树脂

微孔隔板
脱脂棉

阀门

净水出口

简易净水器示意图

污染

环境污染的简称。由于某种物质或能量的介入使环境质量恶化的现象。能够引起环境污染的物质称为污染物，如生产过程中排放的SO_2和其他有害气体、各种重金属等。能量介入使环境质量恶化的现象，通常也称为污染，如热污染等。

环境污染按其污染物的性质可分为生物污染、化学污染、

物理污染；按被污染的环境要素分，可分为大气污染、水体污染、土壤污染、海洋污染等；按污染产生的来源，可分为工业污染、农业污染、交通运输污染、生活污染等。环境污染既可由自然的原因引起（如火山爆发释放的尘埃和有害气体对环境的污染），也可由人类的活动引起（如人类生产和生活活动排放的污染物对环境的污染）。人们所要防治的环境污染，主要是人类活动产生的污染。

大气污染

进入大气中的污染物超过了大气环境的容许量，直接或间接地对人类的生产、生活和身体健康等产生有害影响的现象。已经引起人们注意的大气污染物有 100 种左右，其中对人类危害最大的是煤粉尘、二氧化硫、氮氧化物、碳氧化

物、碳氢化合物、氟化物和氨等。产生这些污染物的来源可以分为两种：天然大气污染源，如排放火山灰、二氧化硫、硫化氢的活火山，自然逸出煤气和天然气的煤田、油田，森林火灾，腐烂的动植物尸体等；人为大气污染源，如煤田、油田的开发，各种工业锅炉、加热炉和民用炉灶，各种汽车、飞机、船舶等。大气污染主要来自人类的生产和生活活动，特别是工业生产和交通运输。

滚滚烟尘严重污染大气

大气中的污染物达到一定浓度就会改变大气的性质和气候。例如，二氧化碳、粉尘等增多会使地面温度上升或降低。

细微的颗粒会使能见度降低，降水量增加。大气污染形成的酸雨能对生物和各种建筑，以及供电、通信线路等设施造成明显损害。

炼钢厂冶炼过程也能造成大气污染

一个成年人每天需要吸入十几千克的空气。受污染的空气进入人体，会导致神经、呼吸、心血管系统的疾病。例如，直径在 0.5 ~ 5 微米的粉尘能直接到达人的肺泡并沉积下来，还能随血液到达全身。空气中的重金属铅、镉、锌、铬、汞等进入人体后会引起慢性疾病

或癌症。污染物在短时间内可以在大气中聚积到很高的浓度，老弱者、病人和婴幼儿会因此受到严重侵害，甚至死亡。人们如果长时间受低浓度大气污染物侵害，体质就会下降，正常的工作、学习和生活会受影响。和人一样，动植物也会受到大气污染的危害。

大气污染中还有一种比较特殊的现象——光化学烟雾。它是汽车、工厂等排入大气的碳氢化合物和氮氧化物在阳光下发生光化学反应所形成的烟雾污染现象。发生光化学烟雾的时候烟雾弥漫，大气能见度降低。烟雾中的臭氧、过氧乙酰硝酸酯、丙烯醛、甲醛以及二氧化硫、硫酸、硫酸盐等，能伤害人和动物的眼睛和黏膜，并使人感到头痛，出现呼吸障碍、肺功能异常等症状。植物受到伤害时，表皮呈蜡质状，叶片上出现红色斑点，降

低对病虫害的抵抗力，生长受到影响。

空气质量指数

随着空气污染的日趋严重，空气质量已成为公众最关心的问题之一。空气质量指数（AQI）分为6个等级，涉及3项主要空气污染物：二氧化硫、氮氧化物和可吸入颗粒物。例如，2019年5月16日北京市的空气污染指数为140，空气质量为三级，主要污染物为可吸入颗粒物，属轻度污染。

室内空气污染

相比室外空气质量问题，室内空气污染带来的健康威胁也不可小觑。中国室内环境的主要污染源来自建筑、装饰品和家具，甲醛、苯、氨气污染超标已经严重影响了人们的身

空气质量指数及相关信息

空气质量指数	空气质量指数级别	空气质量状况	表示颜色	对健康的影响	建议采取的措施
0 ~ 50	一级	优	绿色	可正常活动	
51 ~ 100	二级	良	黄色		
101 ~ 150	三级	轻度污染	橙色	易感人群症状有轻度加剧，健康人群出现刺激症状	儿童、老年人及心脏病和呼吸系统疾病患者应减少长时间、高强度的户外锻炼
151 ~ 200	四级	中度污染	红色	进一步加剧易感人群症状，可能对健康人群心脏、呼吸系统有影响	儿童、老年人及心脏病、呼吸系统疾病患者避免长时间、高强度的户外锻炼，一般人群适量减少户外运动
201 ~ 300	五级	重度污染	紫色	心脏病和肺病患者症状显著加剧，运动耐受力降低，健康人群普遍出现症状	儿童、老年人和心脏病、肺病患者应停留在室内，停止户外运动，一般人群减少户外运动
>300	六级	严重污染	褐红色	健康人群运动耐受力降低，有明显强烈症状，提前出现某些疾病	儿童、老年人和病人应当留在室内，避免体力消耗，一般人群应避免户外活动

体健康。建筑材料散发出的甲醛对眼、鼻、喉有明显的刺激性，严重时甚至致癌。苯则会抑制人体造血功能，长期在这种环境下人们会有头疼、失眠症状，严重者则导致某些血液疾病。除了来自建筑材料和家具的污染，厨房里的油烟气对人体也有很大危害，过量吸入油烟气，容易患上肺炎、气管炎等疾病，还会增大肺癌的发病率。

室内空气污染是可以缓解的。经常对居室尤其是厨房进行通风换气是一种有效手段，另外，也可以使用空气净化器来改善室内空气质量。空气净化器中都配有活性炭过滤层，对装修所产生的有毒有害物质有一定的消除作用。

酸雨

pH 小于 5.6 的雨、雪或其他形式的降水，是大气污染的一种表现。

大气成分中有一定量能溶于水并与水化合成为碳酸的二氧化碳，所以一般的雨也不是绝对中性，而略呈一点酸性，这样的雨是农作物需要的。但是当空气被严重污染而含有较

含有二氧化碳和氮氧化物的烟气进入大气层

大气中的水汽

工厂释放的含有二氧化硫的烟气

二氧化硫、氮氧化物等，与大气中的水汽结合形成酸雨

汽车尾气里含有氮氧化物

酸雨对植物造成的破坏

酸雨形成过程

多二氧化硫和氮氧化物时，它们便会经大气化学和大气物理的复杂过程而形成酸雨。随着大气的不断恶化，酸雨发生的地域也由点到片，并波及全世界，成为全球性的环境污染问题，影响巨大。

酸雨被称为“空中死神”是当之无愧的。它可使河流湖泊酸化，对生态系统产生不良影响而使其成为“死河”“死湖”；使土壤酸化而破坏森林、草原，危害农作物生长；金属、石料遭受严重腐蚀，破坏建筑物、文物古迹；使饮水水源酸化、土壤元素平衡改变，直接或间接影响人体健康。

被酸雨腐蚀的树木

土壤污染

人类活动产生的污染物进入土壤并积累到一定程度，引起土壤质量恶化的现象。20 世纪 50 年代以来，由于现代工农业飞速发展，农药、化肥、农用塑料薄膜大量使用，大气烟尘和工业、生活污水对农田不断侵袭，土壤污染日趋严重。土壤污染物分为 3 类：①病原体，包括细菌、病毒、霉菌和寄生虫。它们主要来自人畜粪便、垃圾、生活污水和医院污水等。病原体污染的土壤能传播各种疾病，经雨水冲刷或渗透后还会造成水体污染，引起疾病的暴发流行。②有毒化学物质，如镉、铅、汞、有机氯农药等。这类污染来自工厂生产过程中排放的废渣、废水、废气。这类物质一般都是通过农作物、地面水和地下水间接对人体产生毒害。③放射性物质。它主要来自核爆炸的大气散落物，工业、科研和医疗机构产生的液体或固体放射性废弃物。土壤被放射性物质污染后，通过衰变产生放射线，穿透人体引起外照射损伤，或通过饮食和呼吸进入人体，造成内照射损伤，导致癌症、白细胞减少症等疾病。

重金属污染土壤中生长的嫩苗

土壤污染常常是大面积发生的，并且土壤污染一旦发生，便很难复原。中国曾经很长一段时期都以六六六、DDT 等有机氯农药作为防虫治虫的基本农药，这些残毒期特长的农药在喷洒时只有 20% 左右落在作物叶面上，起到杀虫灭虫的作用，而更多的农药则直接落到了土壤中，有机氯农药等有毒物质进入土壤后便沿土壤→作物→果实→禽畜→人的途径不断富集，最终危害到人体健康。若像切尔诺贝利核电站爆炸事件那样，放射性物质污染了土壤，就只有将大片的土地废弃，将世世代代生活在这片土地上的人民迁出。

水体污染

水体是一种自然生态系统，是海洋、河流、湖泊、沼泽、水库及地下水等的总称。在环境科学领域中还要包括其中的悬浮物、溶解物质、水生生物及底泥等，并将它们作为一个完整的自然综合体看待。当排入水体中的污染物超过了水体所能容许的含量时，水体不能通过自体的物理、化学、生物作用而恢复到受污染前的状态，这就降低了水体的使用价值，这种现象称为水体污染。

造成水中生物群落退化以

及水体水质、底泥质量恶化的各种有害物质（或能量）都可称作水体污染物。水体污染物从化学角度可分为无机有害物、无机有毒物、有机有害物和有机有毒物4类；从环境科学角度则可分为病原体、植物营养物质、需氧物质、石油、放射性物质、有毒化学品、酸碱盐类及热能8类。

水体污染的危害随污染物的不同而异。病原体污染，主要是病毒、病菌、寄生虫等污染。危害主要表现为传播疾病：病菌可引起痢疾、伤寒、霍乱等，病毒可引起病毒性肝炎、小儿麻痹症等，寄生虫可引起血吸虫病、钩端螺旋体病等。有机物污染，主要是生活污水及食品加工、造纸等工业废水的污染。这类污染物因须通过微生物的生化作用分解和氧化，所以要大量消耗水中氧气，使水质变黑发臭，影响甚至使水中鱼类及其他水生生物窒息。长期饮用被汞、镉、铬、铅及非金属砷污染的水，会使人发生急、慢性中毒或导致机体癌

固定盖污泥消化池（污泥消化设施）

变，危害严重。石油污染指在开采、炼制、贮运和使用过程中，原油或石油制品因泄漏、渗透而进入水体。它的危害在于原油或其他油类在水面形成油膜，隔绝氧气与水体的气体交换，在漫长的氧化分解过程中会消耗大量的水中溶解氧，堵塞鱼类等动物的呼吸器官，黏附在水生植物或浮游生物上而导致大量水鸟和水生生物的死亡，甚至引发水面火灾等。

水华　由蓝藻等藻类大量繁殖引起的水体污染现象。水华发生时，水呈蓝色或绿色。淡水中水华造成的危害是：饮用水源受到威胁，藻毒素通过食物链影响人类的健康；蓝藻水华的次生代谢产物也具有促癌效应，直接威胁人类的健康和生存。

赤潮　水体中某些微小的浮游植物、原生动物或细菌，在一定的环境条件下突发性地增殖和聚集引起的一定范围内的水体变色现象。通常水体颜色因赤潮生物的数量、种类不同而呈红、黄、绿或褐色等。

水俣病

　　水俣镇是日本熊本县水俣湾东部的一个小镇，水俣湾海产丰富，是渔民们赖以生存的渔场。1956 年，水俣湾附近发现了一种奇怪的病。病症最初出现在猫身上，病猫步态不稳，抽搐、麻痹，甚至跳海死去，被称为"自杀猫"。不久，此地也发现了患这种病症的人。患者神经失常，或酣睡，或兴奋，身体弯弓高叫，直至死亡。

　　这种怪病就是日后轰动世界的水俣病，是最早出现的由于工业废水排放污染造成的公害病。水俣病的罪魁祸首是拥有当时世界化工业尖端技术的氮生产企业。1925 年，日本氮肥公司在水俣镇建厂，后又开设了合成醋酸厂和氯乙烯厂，工厂把没有经过任何处理的废水排放到水俣湾中。氯乙烯和醋酸在制造过程中要使用含汞的催化剂，这使排放的废水中含有大量的汞。当汞在水中被水生生物食用后，会转化成剧毒物质甲基汞。水俣湾中被污染的鱼虾通过食物链进入动物和人类的体内，使人和动物严重中毒。

光化学污染

大气中氮氧化物、碳氢化合物和氧化剂在日光作用下形成烟雾造成的污染。它对人体危害较大，甚至能造成生命危险。氮氧化物和碳氢化合物主要来自机动车排放的尾气和工业废气，在灰霾天气下，强烈的日照、低流动的空气和较小的湿度使城市中的各种污染物无法及时扩散，这会增大光化学烟雾产生的概率。人类必须采取措施减少汽车尾气、工业废气的排放并对其进行治理，才能有效避免光化学污染。

白色污染

大量的废旧农用薄膜、包装用的塑料薄膜、塑料袋和一次性塑料餐具，在使用后被抛弃在环境中，给环境带来很大破坏。由于废旧塑料包装物大多呈白色，因此造成的环境污染被称为"白色污染"。

白色污染讽刺画——塑料袋"水母"

由于塑料具有坚韧、耐用、防水，以及几乎可以成型为各种形状的特性，生活中塑料的使用越来越普遍。乱丢塑料会危害陆地和海洋的野生动物，甚至酿成海难事故；塑料废物占据了填埋场的大量空间，同时大多数的塑料在自然环境中很难分解，长此下去会破坏土壤结构，降低土壤肥效，污染地下水；如果焚烧塑料，则会产生有毒的气体和残渣（尤其是含氯塑料）。除了减少塑料制品的使用和加强回收之外，用化学方法降解塑料是消除白色污染的根本出路。

切尔诺贝利核电站爆炸事件

1986年4月26日凌晨，由于石墨型核反应堆堆芯熔化、人为差错和违章操作，导致苏联基辅市（今属乌克兰）北130千米的切尔诺贝利核电站4号反应堆发生猛烈爆炸。熊熊大火高达30多米，反应堆内大量放射性物质外泄，其中包括氪、钚等20余种放射性同位素，造成了严重的环境污染和人员生命财产损失。据当时苏联政府公布的数字，有30多人死亡，300多人受严重辐射伤害，更多的人受到不同程度的辐射，约100万人接受医学观察监护。爆炸引起的大火7天后才被扑灭，直接损失20多亿卢布，总损失达100亿卢布以上。事故发生3年后，重灾区成人癌症患者成倍增加，儿童甲状腺病患者增多，灾区牲畜畸形，植物叶片变大变小不等。周边的白俄罗斯、瑞典、挪威、芬兰、丹麦及西班牙等国亦受到不同程度的影响。事故的远期影响难以估计。这一严重事故引起广泛关注，各国先后派出数百个代表团前往事故发生地考察、参观，从中吸取教训，探索消除或减少隐患的方法。

垃圾

在人类的生活、生产中，每天都要丢弃很多固体和泥状废物，如工厂生产中产生的下脚料，采矿时丢弃的废石，生活中丢弃的各种食物垃圾、粪便等。随着生产的扩大和生活水平的提高，垃圾的成分日益复杂，排放量也逐年增多。这些废弃物一方面占用大片土地堆放，一方面还通过不同途径产生大气污染、水体污染和土壤污染，危害人们的身体健康，已经成为世界公认的亟待解决的问题之一。然而，从化学角度看，一切"废物"都是相对的，这一过程的废物经人类加工转化后，很可能成为另一过程的原料或成品，因而可以成功地变废为宝，使各种资源得到最大限度的利用。

太空垃圾 人类抛弃在太空中的固体废弃物。主要有寿命已尽的卫星残骸，火箭散失在太空中的碎片和零部件，未进入预定轨道又难以收回的卫星、航天器及其爆炸后形成的飞行器碎片等。它们在太空中越来越多，随时可能与新发射的火箭、航天器、卫星相撞，有的还可能因逐渐减速而最终落回到地球上来，对人们的航天、通信等事业造成很大的潜在威胁，对地面建筑和人类生命财产也有相当的威胁。例如，1991年9月美国"发现"号航天飞机距苏联火箭残骸特别近时，为避免相撞，不得不改变运行轨道。如何减少和清除太空垃圾，保证人类航天航空事业的发展，已经成为重大的现实问题。

目前垃圾处理的方法主要有以下几种：对钢渣、废石等不容易溶解、不飞扬的工业垃圾，一般采取堆放或制成建筑材料和道路工程材料；对含有碳、油脂或其他有机物质的垃圾，可以焚化发电或进行生物降解；对污泥可以制成堆肥或制取沼气；有害工业垃圾或放射性垃圾采用封闭堆存的办法或用化学、物理方法固化后回收利用；对于废纸、废布等纤维，以及塑料、玻璃等材料可以回收成为再生原料。

垃圾山

炼金术

人们谋求用一般金属经过焙烧和冶炼转变为金、银。这种以一般金属炼金的学术思想和实践就称为炼金术。那些炼金的人称为炼金术士。

阿拉伯炼金术继承了起源于中国的炼丹术和起源于希腊的西方炼金术，而后传入欧洲，成为当代化学的雏形。其代表人物之一是查比尔。他的著作《物性大典》等论述了金属互变

中世纪欧洲炼金术士的工作室

和四元素相克的理论，描述了制造几种无机酸的配方，强调炼金术士要注重实验。另一位大师是拉齐。他在《秘中之秘》一书中讨论了炼金的物质、仪器和方法，介绍了当时使用的

炼金设备，如风箱、坩埚、勺子、铁剪、烧杯、平底蒸发皿、沙浴、焙烧炉、锉等。这不仅对以后的阿拉伯炼金术有很大的推动作用，而且对欧洲炼金术产生了极大的影响。

在 11 ~ 12 世纪，阿拉伯炼金术传到欧洲，欧洲封建帝王和教会为了发财致富，驱使炼金术士为他们炼制黄金。英王亨利六世供养的炼金术士多达 3000 多人。在欧洲炼金术士看来，水银是一切金属的本原，硫为一切可燃物所共有，不同金属之间的区别在于汞、硫的含量及比例不同。他们企图寻求一种他们称为"哲人石"的东西来清除掉贱金属中的"下贱成分"，使其本质趋于完善，从而转变为金、银。炼金术士炼出的"黄金"当然都是伪金。长时期的炼金活动及其不断失败，不仅浪费了大量的人力、财力，而且炼出的伪金投入市

场还引起金融财政的混乱，致使统治者们大伤脑筋。15～16世纪以后，随着化学方法在医药、冶金方面的应用，炼金术逐渐消亡。

炼铜术

在人类使用的金属中，首先被加工利用的是天然红铜，例如从距今约4000年的甘肃齐家文化遗址中发掘出铜刀、铜锥、铜凿和铜环等多种天然红铜器。在埃及和美索不达米亚的最古老的文化遗址中，也曾发现被熔铸和冷锻而成的红铜器。由于当时烧制陶器的技术已相当成熟，既有了耐高温的陶器，又有能造出窑温1000℃以上的高温窑体，这就具备了用矿石冶炼金属的条件。大约在距今5000年前，中国已进入了冶炼红铜的时期。最初利用的是孔雀石类氧化铜矿石。人们将它与木炭混合加热还原，

得到红铜。随着对熔铸技术的熟练掌握，人们能够更有效地利用红铜了。

铜奔马

中国几乎在开始冶炼红铜的同时就出现了青铜。青铜主要是铜、锡的合金，其中往往含有铅和其他金属。由于其硬度比红铜大而且坚韧，熔点也较低，容易铸造，所以得到了较快发展。商、周时期，青铜技术步入鼎盛。1939年在河南省安阳市出土的后母戊鼎是已发现的世界上最大的古代青铜器。这个拥有3000年历史的青铜器重832.84千克，通耳高1.33米，宽0.79米，口长1.12米。

后母戊鼎的铸造工艺有力地说明了中国当时铸造水平的高超和古代劳动人民的勤劳智慧。

在埃及和印度发现的青铜器古迹表明，其在公元前3000年已进入了青铜时代。在西欧也发现了青铜时代铜矿的竖井式开采遗址。

中国古代不仅用火法炼铜，还发明了水法炼铜。这种方法相比火法炼铜有以下优点：可在产"胆水"的地方就地取材；设备简单，操作容易，常温下提取铜，无需冶炼、鼓风设备，节省了燃料。这一方法以中国为最早，是水法冶金技术的起源，也是世界化学发展史上的一项重要发明。

酿酒工艺

酒是用高粱、大麦、小麦、米等粮食或葡萄等水果发酵制成的含有酒精的饮料。由于所用原料及酿酒方法不同，世界上各个民族几乎都独立地发明了各具特色的酿酒工艺。古代埃及在3000多年前已酿出麦酒。这种方法后来一直在欧洲流传。公元8世纪，德国人为了使酒别具香气及独特的风味，发明了在发酵过程中加入蛇麻花的工艺，这就制出了最初的啤酒。埃及和古罗马帝国的葡萄酒一直远近闻名。在中亚、西亚各国，葡萄酒也是当地名产之一，并在汉代传入中国。到唐代，中国已能独立酿造这种酒。从7世纪中期起，葡萄酒在中国发展起来。唐代诗人便有"葡萄美酒夜光杯"的诗句。由于酒中的乙醇浓度达到10%便会强烈地抑制酵母菌的活动和繁殖，因此酿造烈性酒就不能单靠发酵时间的延长，而必须借助蒸馏技术的应用与改进。大约在12世纪时，欧洲已掌握蒸馏烈性酒的技术。14世纪以后，各种著名的烈性酒陆续问

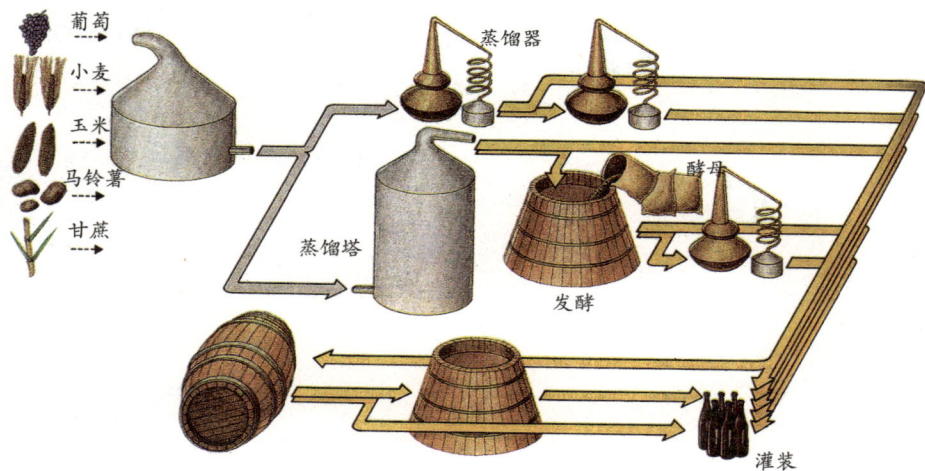

酒的生产工艺流程示意图

世。例如，苏格兰人蒸馏麦酒而发明了威士忌，荷兰人蒸馏葡萄酒而制得白兰地。在中国，蒸馏酒可能出现于宋代，但当时极罕见，至元、明时才较为普遍。《水浒传》中大碗喝酒而不醉的好汉们喝的一般都是酒精含量低于10％的低度酒，而武松打虎之前喝的"三碗不过冈"的酒，看来是当时较为罕见的烈性酒了。

造纸术

纸是中国古代四大发明之一。过去都认为，纸是东汉宦官蔡伦于公元105年发明的，但是20世纪以来的考古发掘成果动摇了蔡伦发明纸的说法。1933年在新疆汉烽燧遗址中出土了公元前1世纪的西汉麻纸，它比蔡伦的纸早了1个多世纪。造纸最初是以动物纤维和蚕丝为原料，后来逐渐采用了植物纤维的麻和麻织品，且树皮和破布边渐渐被用作造纸的原料。早期制得的麻纸比较粗糙，不便书写。到了东汉，蔡伦总结了西汉以来用麻质纤维造纸的经验，采用了多种植物原料，同时利用废弃的破布和旧渔网为原料，降低了造纸的成本。他凭借充足的人力和物力监制并组织生产了一批良纸，于 105 年献给朝廷，从此造纸术逐步在国内推广。从这个意义上说，蔡伦在历史上是以纸的监制者和推广者的身份出现的。

汉代的麻纸制造过程，大体是将麻头、破布等材料先用水浸湿，使之润胀，再用斧头剁碎，放在水中洗去污泥、杂质，然后用草木灰浸透并蒸煮。这个过程成为碱液制浆过程的基础。通过碱液蒸煮，可进一步除去残留于造纸原料中的木素、果胶、色素、油脂等杂质，再用清水洗涤后，即送去舂捣。将捣碎后的纤维在水槽中配成悬浮的浆液，再用滤水的纸模捞取纸浆，滤水后晒干，再经必要的研光，即成为成品纸，可用于书写。

中国的造纸术在 3 世纪传到朝鲜，7 世纪传到日本，8 世纪又传到阿拉伯。阿拉伯将纸向欧洲各国输出，于是很快欧洲各国也开始了造纸生产。到 16 世纪，纸张已流行于全欧洲，而后逐步流传到全世界。

将切碎的麻料用草木灰水浸透，再放入蒸煮锅中脱色，除杂质

舂捣的精细与否影响纸的质量

将洗好的原料切碎

配置草木灰水

蒸煮锅

用木杵杆捣料

网筛上出现薄薄一层纸浆膜，揭下来就可以晾晒成纸

洗料

网筛

白色絮状纸浆

纸模框

麻、废旧的破布，甚至细麻线做成的旧渔网，都可做造纸原料

放在木板上干燥后成纸

装纸浆的木槽

古代造纸过程示意图

19 世纪，造纸从手工作坊的小规模生产过渡到机械化造纸，制造纸浆的技术和设备也取得了重要突破。生产周期大大缩短，企业规模扩大。到了 20 世纪 30 年代，木材逐步成为主要原料，纸的质量大大提高。尽管造纸技术有了飞跃发展，但最基本的工艺环节仍然是制浆、调料、抄造纸幅、脱水成纸。可见中国发明的造纸术对人类文明做出了不可磨灭的贡献。

葛洪

（283 ~ 343 或 363）

葛洪

东晋道教学者，医学家。自号抱朴子，丹阳句容（今江苏句容）人。他出身于一个没落的官僚贵族家庭，因无钱买纸笔，小时用木炭练字，向别人借书阅读。他博览群书，终于成为一个学识渊博的人。他自幼好神仙导养之法，先跟葛玄弟子郑隐学炼丹术，后又拜鲍玄为师，最后在罗浮山上炼丹、著书，直到老死。

葛洪一生著作很多，其中被世人称为奇书的《抱朴子》，内篇 20 卷，记载了炼丹的方法，是中国现存年代较早而又比较完整的一部炼丹术著作；外篇 50 卷是儒家应世之术，这部著作反映出葛洪炼丹思想的特点是道儒结合，以神仙养生治内，以儒术应世治外。他还著有《金匮药方》100 卷，后节略为《肘后备急方》8 卷，详细记录了治疗天花、伤寒、痢疾、结核病等传染病及某些其他疾病的单方，与现代应用大致相符，有很大价值。

葛洪在炼丹实践中研究了许多化合物和矿物，如铜青（硫酸铜）、矾石（明矾）、密陀僧（氧化铅）、丹砂（硫化汞）等。在世界化学史上，葛洪是最早把一些化学反应记录下来的人。他还发现了化学反应的可逆性，如"丹砂烧之成水银，积变又还成丹砂"。因此，人造硫化汞可能是人类最早用化学合成法制成的产品之一。

宋应星

（1587～约1661）

明末科学家。字长庚，江西奉新县人。宋应星对中国的手工业生产进行了全面系统的总结，写出了科技巨著《天工开物》。书中的彰施（染色）、作咸（制盐）、甘嗜（制糖）、陶埏（陶瓷）、杀青（造纸）、燔石（烧矿）、五金、冶铸、佳兵（兵器及火药）、丹青（颜料）等卷，都包含了丰富的

宋应星

化学知识，因此，《天工开物》是一部明代的中国化学工艺"百科全书"。

《天工开物》图文并茂，详细记载了许多技术项目和操作环节。例如，在《五金》卷中对金、银、铜、铁、锡、铅、锌等金属的冶炼过程都做了细致的描述。关于"倭铅"（锌）的性质及制造，书中写道："炉甘石十斤，装载入泥罐内，封裹泥固，以渐硏干，勿使见火拆裂，然后逐层用煤炭饼垫盛其底，铺薪发火、煅红，罐中炉甘石熔化成团，冷淀，毁罐取出，每十耗去其二，即倭铅也。"这样明确而生动地记载用碳还原甘石（碳酸锌）制锌的方法，在世界上还是第一次。除记述炼锌技术外，《天工开物》还对煤进行了分类，根据火焰、块度等化学、物理性质把煤分为明煤、碎煤和末煤3种，相当于无烟煤、烟煤和褐煤。

《天工开物》书影

17世纪以后，《天工开物》传入日本，18世纪又传入欧洲，相继被译成日文、英文，并部分被译成法文和德文，成为世界科技名著之一。

徐寿

（1818-02-26 ~ 1884-09-26）

徐寿

字雪邨，江苏无锡人。化学家、翻译家。19世纪初，尽管中国少数知识分子和工商业者已经接触了西方近代化学工业的产品和零星知识，但是比较有系统地介绍近代化学理论和基础知识，却是19世纪60年代以后的事。1868年，徐寿在江南制造局倡建翻译馆。在馆译书17年，内容涉及化学、物理、数学、医学、矿学、汽机、兵学、工艺、律吕等，引进了大量先进科技知识。

1874年，徐寿和傅兰雅创办了格致书院，并编辑出版了中国最早的一种科技期刊《格致汇编》。格致书院讲求教学与实验相结合，这对国内兴办近代科学教育起了很好的示范作用。

徐寿自幼热爱乐器制造工艺，并研究声学原理。他用现代科学矫正了一项古老的声学定律的论文《考证律吕说》，发表于1880年《格致汇编》第三年七卷。1881年3月10日，此文以《声学在中国》为题，在英国著名《自然》杂志刊出。编者赞扬徐寿"用简单的实验手段"，获得了"非常出奇"的成果。

徐寿非常重视科学实验，他和三子徐华封在上海龙华路故居，建立中国罕见的家庭实验室，不惜重金，购置大量仪器、设备，提倡理论联系实际的新学风。

侯德榜

（1890-08-09 ～ 1974-08-26）

化学家、化工专家。生于福建闽侯。1926 年，在美国费城举行的世界博览会

侯德榜

上，中国永利制碱公司生产的"红三角"牌纯碱，一举夺得金牌。为中华民族在国际上赢得荣誉的就是中国化学工业的先驱侯德榜。侯德榜早年曾学习铁路工程，后考入清华留美预备学堂高等科学习。毕业后赴美学习化工。1921 年获博士

学位。

早在 1861 年，比利时人 E. 索尔维就发明了氨碱法制纯碱的技术。但由于帝国主义的严密封锁，中国制皂、印染、玻璃等制造业得不到充足的赖以生存的碱做工业原料，民族工业受到严重威胁。当时正在美国的侯德榜怀着振兴民族化学工业的热情，毅然接受永利碱厂的聘请，于 1922 年回国。他吃住在厂里，经过 5 年夜以继日的探索，终于成功地掌握了索尔维制碱工艺，并对原制碱工艺和设备做了重大修改，使碱纯度、日产量大幅提高，畅销日本及东南亚各国。1932 年侯德榜出版了《纯碱制造》一书，第一次系统地将索尔维制碱技术公之于世，打破了国际制碱集团长达 70 年的垄断，此举引起了世界化工界的巨大反响。

针对索尔维制碱法的缺

点，侯德榜又做了 500 多次循环实验，分析了 2000 多个样品，终于在 1942 年成功发明侯氏联合制碱法。联合制碱法的食盐利用率由原来的 70% 提升到 90% 以上，除得到纯碱外，还能同时得到氯化铵（用作肥料），把合成氨工业与制碱工业联系了起来。侯德榜对化学工业做出了杰出贡献，并因此而享誉世界。

舍勒，C.W.

（1742-12-09 ~ 1786-05-21）

瑞典化学家。生于波美拉尼亚的施特拉尔松德（今属德国）。1757 年在哥德堡做药剂师学徒，开始学习和研究化学，并做实验。1770 年在乌普撒拉做药剂师。1775 年在雪平开设药房，直到逝世。1775 年入选皇家科学院。

舍勒

舍勒发现的有机和无机物不下 30 种。其中最著名的是氧和氯的发现。他研究了燃烧现象，分离出了氧气（当时他称为"火空气"），并证明"火空气"存在于空气中。1772 年舍勒用硫黄与铁粉的混合物吸收

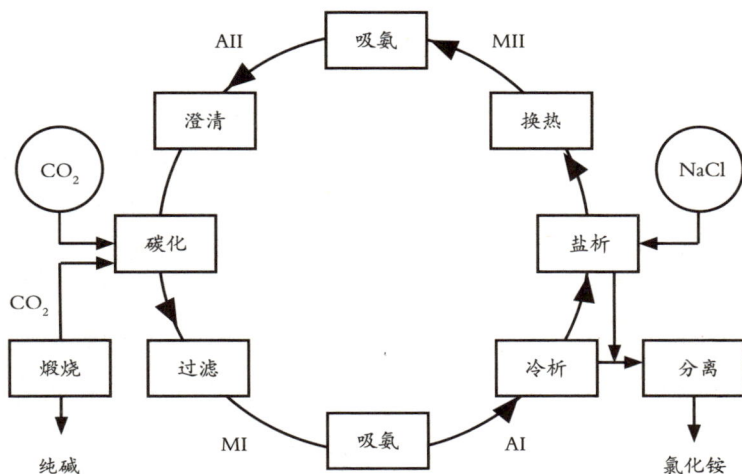

侯氏制碱法过程示意图

下篇

117

空气中的氧气来制取氮气（当时他称为"浊气"或"乏空气"）。他是第一个认为氮气是空气成分之一的人。1774年他确定软锰矿是一种新金属的氧化物，把这种金属定名为锰。

拉瓦锡，A.-L.

（1743-08-26 ～ 1794-05-08）

法国化学家，近代化学奠基人之一。生于巴黎。1763年获法学学

拉瓦锡

士学位，1764年开始从事地质学研究，以后转向化学。1772年，拉瓦锡指出硫、磷在燃烧中增加重量是因为它们吸收了一些空气。1774年，他重复了J.普里斯特利加热氧化汞，制取"脱燃素气"的实验，断定普里斯特利所说的"脱燃素气"就是物质燃烧时吸收的那部分空

气，并认为这种气体是一种元素。1777年他把这种气体命名为氧。

1777年，拉瓦锡向巴黎科学院提交了一份划时代的论文《燃烧概论》，建立了燃烧的氧化学说。他提出：物质燃烧时会放出光和热；只有氧气存在时，物质才会燃烧；空气由两种成分组成，物质在空气中燃烧时吸收了空气中的氧，物质所增加的重量就正好是它所吸收的氧的重量；一般的可燃物质（非金属）燃烧后通常变为酸，氧是酸的本原，一切酸中都含有氧；金属煅烧后变为煅灰，它们是金属的氧化物。拉瓦锡的氧化学说彻底推翻了燃素说，使近代科学革命在化学领域取得了一个伟大的胜利。

拉瓦锡一开始从事科研活动，就认识到精确的测量对科学研究的重要意义。他通过大量的定量实验，证明物质虽然

在一系列化学反应中改变了状态，但参与反应的物质的总量在反应前后是相同的，从而证明了质量守恒定律。

1783年，拉瓦锡和H.卡文迪什证明了水不是一种元素，而是氢和氧的化合物。

氧气制取实验

1789年，拉瓦锡在他的《化学概要》一书中把当时已发现的元素排列出第一张化学元素表。此外，他还针对各类物质制定了科学的命名法，为科学带来了前所未有的条理性和系统性，这是他对化学发展做出的又一项贡献。

道尔顿，J.
（1766-09-06 ～ 1844-07-27）

英国化学家，物理学家。古代希腊学者德谟克利特认为世上万物都是由原子组成

道尔顿

的，但那是靠逻辑推理和思辨进行的猜测，是一种朴素的哲学思想。19世纪初，道尔顿确立了原子学说，从而为元素和化学反应建立了近代理论。他被F.恩格斯誉为"近代化学之父"。然而这样一位大化学家却是个色盲，这对从事化学很不利，可道尔顿不但没有因生理缺陷而气馁，反而更加顽强地完成一个个重要的化学实验，甚至把色盲症作为自己的一个研究课题，初步找到了色盲的遗传规律。

道尔顿出生在一个纺织工人家里，因为穷没有上过什么学。他依靠自学，15岁开始当老师。此后他不断充实自

己，在当中学物理、化学教师时，开始了科学研究。道尔顿最初研究气象学，自 1787 年起连续 50 多年每日观测气象并记录，最后一篇气象日记是他临终前几小时记下来的。他对大气的性质和成分进行了一些研究，于 1801 年总结出气体分压定律，即道尔顿分压定律。他主要研究化学，1803 年从混合气体产生的压力、混合气体的相互扩散、气体的热胀冷缩等现象出发，提出原子学说：化学元素是由非常微小的、不可再分的微粒——原子所组成；同一元素的原子质量和性质都相同，不同元素的原子质量和性质都不同；不同元素化合时，元素的原子按简单的整数比结合成化合物。他采用元素的相对原子量，列出了最早的原子量表。此外，他还发现了倍比定律。1808 年他的名著《化学哲学的新体系》出版。

阿伏伽德罗，A.

（1776-08-09 ～ 1856-07-09）

阿伏伽德罗

意大利物理学家。1792 年 8 月入都灵大学学习法学，1796 年获法学博士学位，此后从事律师工作。1800 ～ 1805 年又专门攻读数学和物理学，后主要从事物理学、化学研究。1819 年被选为都灵科学院院士。

阿伏伽德罗于 1811 年提出阿伏伽德罗定律。其内容是：在同一温度、同一压强下，体积相同的任何气体所含的分子数都相等。

在 19 世纪，阿伏伽德罗学说没有被科学界所确认和得到科学实验的验证之前，人们通常把它称为阿伏伽德罗的分子假说。直到多年以后《近代化学理论》一书出版，假说得到科学验证后，人们才称它为阿伏伽德罗定律。在验证中，人们证实在温度、压强都相同的情况下，1摩尔的任何气体所占的体积都相等。例如在0℃，压强为760毫米汞柱时，1摩尔任何气体的体积都接近于22.4升。人们由此换算出：1摩尔任何物质都含有$6.02214076 \times 10^{23}$个分子。这一常数被命名为阿伏伽德罗常数，以纪念这位杰出的科学家。

本生，R.W.

（1811-03-31 ～ 1899-08-16）

德国化学家。生于格丁根。本生的科研成就很多，重大的有：

本生

1837年开始研究卡可基化合物，他离析出二甲胂基氧，测定所有易挥发的二甲胂基化合物的蒸气密度，得出正确的化学式。1841年本生发明锌－碳电池，后称本生电池。1853年本生发明一种煤气灯，它构造简单，操作简便，使用安全，火焰温度可高达2300℃，且火焰无色，利用此灯检定出许多矿物的组分。这种灯后来被称作本生灯，并一直沿用至今。1855年发明吸收比色计。1859年与G.R.基尔霍夫一起发明分光镜，创立光谱分析法。本生提出每一种化学元素均具有特征光谱线，为元素发射光谱分析奠定基础。他用光谱分析研究太阳的化学成分，证实了太阳上有许多地球上常见的元素，由此说明其他天体和地球在化学组成上的同一性。他和基尔霍夫借助光谱分析，发现两个新元素铯（1860）和铷（1861）。

诺贝尔，A.B.

（1833-10-21 ～ 1896-12-10）

瑞典化学家、工程师。生于斯德哥尔摩。小时候跟父亲学习研制炸药。17 岁后他只身游历了欧洲、美洲的一些国家，增长了知识，开阔了眼界。当他看到矿工们繁重的劳动后，决心继续研制炸药。

诺贝尔

1859 年诺贝尔开始研究硝化甘油。硝化甘油是一种既不好控制，又不好保存的易爆物品。在这种炸药投产后不久，1864 年工厂发生爆炸，诺贝尔的弟弟和另外 4 人在事故中死亡。瑞典政府因危险性禁止重建工厂。早已被认定为"科学疯子"的诺贝尔，只好在湖面上的一艘驳船中进行实验，以寻求减少搬动硝化甘油时发生危险的方法。诺贝尔偶然发现

在硝化甘油中掺入硅藻土可以解决安全问题，但爆炸力却降低了。经过多次试验，诺贝尔终于找到用雷酸汞制造雷管来引爆炸药的办法。这种安全的烈性炸药制成后被用于开矿、筑路、开掘隧道等工程中。此后诺贝尔继续实验，将火棉与硝化甘油混合，制成一种威力更大的同一类型炸药——爆炸胶，之后又发明了无烟炸药。

诺贝尔把毕生的精力都献给了科学事业，终身未婚。他在许多国家建立了自己的实验室，却没有为自己建造一处舒适的住房。临终时他将遗产中的 900 多万美元作为基金设立了诺贝尔奖，用来奖励在物理学、化学、生理学或医学、文学、和平 5 个方面对人类做出巨大贡献的人士。